U0176158

MOON

[英] 罗伯特·梅西　亚历山德拉·洛斯克 / 著　吴冬月 / 译

Art, Science, Culture

艺术，科学与文化

中国友谊出版公司

目录 CONTENTS

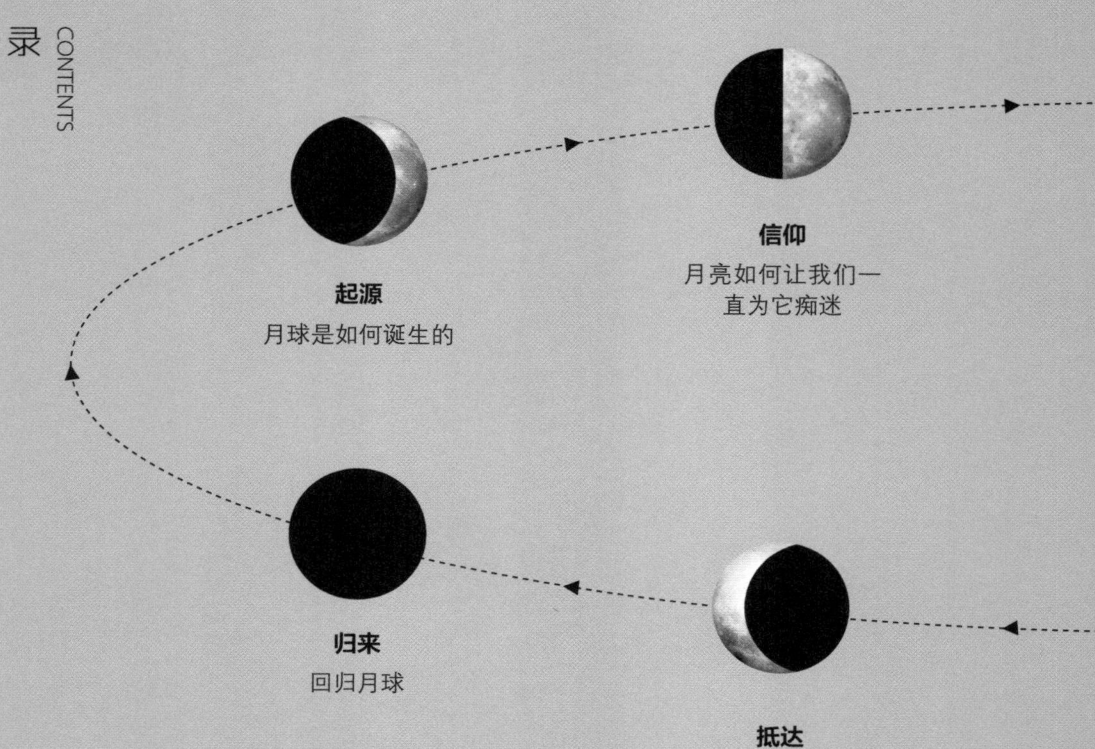

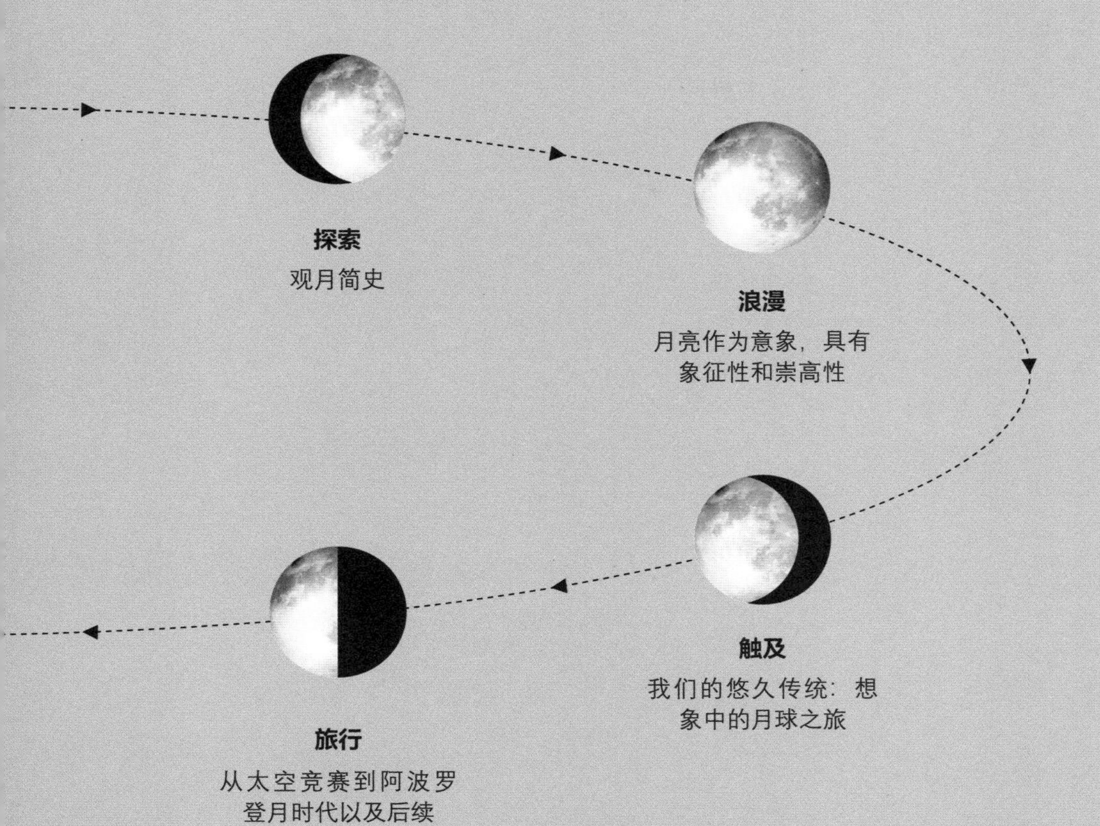
探索
观月简史
浪漫
月亮作为意象，具有
象征性和崇高性
触及
我们的悠久传统：想
象中的月球之旅
旅行
从太空竞赛到阿波罗
登月时代以及后续

THE MOON
AN INTRODUCTION

引言

从地球仰望太空，仅有的两个天体——太阳和月亮——在肉眼看来似乎只是两个光点。月亮仍旧是人类造访的地球之外的唯一终点站，也是我们极有可能再次返回的目的地。它日日变换形态，其反射的光辉足够照亮我们的夜路。地貌特征是它曾经历的狂暴过去留下的遗迹。我们这位近邻的光亮和地貌，无不给天文学家、作家、艺术家、宇航员带去灵感和启发。

地球和月亮有着共同的历史。太阳系诞生之初，一颗火星大小的天体撞击了我们这颗星球体积更大的前身，撞击的强度远远超过我们现在所知的任何碰撞。碎片凝结形成月球，留下一个被剥离的、体积变小的地球。一次范围更广的"大爆炸"导致行星的表面遍布硕大的岩石，地球上的这些岩石已经风化掉了。相反，月球因为没有厚厚的大气层和多变的天气，它的表面几乎是那个荒古时代的原始记录。甚至最大的地形特征——满月时分格外明显的深灰色的"海洋"——也是巨大的撞击穿破月球地壳，导致内部岩浆上涌形成的。整个月表遍布着陨星与它相撞留下的撞击坑。

没有月球，地球上的生命也许会大不相同。这颗天然的大卫星使地球的地轴得以稳固，海洋的潮汐变化对整个生态系统至关重要。两个世界的相互作用——地球和月球实际构成"双行星"——使月球受引力牵引保持自转，只把一面朝向地球。这种互动同时以缓慢的速度赋予月球轨道能量，使它每年远离我们1.5英寸（约3.8厘米）。

地球和月球的亲缘关系体现在我们与这位宇宙近邻的关系中。人类自有创造力之初，就开始描绘月球。旧石器时代最早刻画在岩石、兽角、骨头、石头上的图画，表明月球是人类最初的记录对象之一。古代的宇宙观察者和早期文明通常尊奉月亮为神明，甚至赋予它高出太阳的地位和众多不同的称谓与个性。月亮作为象征黑暗和希望的矛盾结合体，在当代社会继续充当神话、传说、迷信的主题，甚至围绕它的本质诞生了一系列观点各异的解读。

如同日夜交替、四季更迭，月相的圆缺给我们提供了记录时间流逝的天然途径。新石器时代的遗迹标记了月升月落，而在伊斯兰教的月历中，新月的重新出现则是每个月开始的标志。望远镜问世前，几处最大的天文台均出自伊斯兰世界，它们的建立是为了辅助校准这个并不完美的计时器。古代文明可能已经怀着仪式感使用月历来指导他们在不断变换的四季进行活动，美洲土著则给每个月的满月命名，定义相应的季节和动植物所处的状态。

我们对月球的观察使循环主题反复出现。生命、繁殖、季节与潮汐都与月球息息相关，有时是确切的联系，有时更多是比喻意义上的关联。古代关于月亮与命运和有限生命的联结使之成为无比强大的、令人生畏的天体，至今它仍是黑暗、死亡，以及相关恐惧的永恒象征。

人类虽然对月球的情感在迷恋和畏惧之间摇摆不定，却一直没有中断踏足这个令人神往的目的地的梦想。数百年来，太空旅行的奇妙幻想渗透到我们的文学、电影、艺术和文化中。但是直到20世纪60年代，我们最疯狂的想象才变成现实。

阿波罗11号于1969年7月16日发射升空，载有宇航员埃德温·巴兹·奥尔德林、尼尔·阿姆斯特朗和迈克尔·科林斯。四天之后，7月20日，尼尔·阿姆斯特朗成为登月第一人。他和奥尔德林漫步了两个半小时，进行实验工作和标本采集。人们对这一成就的期望以及登月任务传回的照片和影像资料，促使了太空主题的商品和纪念品的批量生产，掀起科幻文学和电影的一波新潮，甚至带来了宇航员风格的时尚风向和室内装修的崭新审美。西方世界完全投入了这场太空竞赛——一场争夺月球的政治斗争，它既是未来的避难所，也是权力与所有权的象征。

阿波罗11号首次登月成功后，大家对科学有了新的认识，感受到了可能性，然而月球的神秘面纱却无法完全揭开。即使在今天，挂在空中的那枚银盘仍然在我们的神话、传说和梦境中扮演关键的角色。围绕月球的形象、仪式、信仰延续至今，通过反思，我们也许可以从一个开明的全新视角去审视月球和人类。

阿波罗11号完成首次登月50年之后，航天局再次考虑实施载人登月的计划。日本、中国、印度、俄罗斯和整个欧洲都雄心勃勃地先让机器人进行探索，然后进入真人探索阶段，利用最近在月壤中发现的水冰为永久性基地提供保障。月球科学家们也正在努力推进他们认为没有完成的任务——而那第一个前哨基地很可能只是我们探索整个太阳系之旅的开始。

地球的天然卫星—月球（左图）

照片——美国航空航天局，伽利略航天器，

摄于 1992 年 12 月 7 日

左图可以看到的月海包括风暴洋（最左侧）、雨海（中左）、澄海和静海（中）。底部明亮显著的地形是第谷陨石坑。它的明亮源于它相对年轻的岁数——大约 1 亿零 8 百万年；最古老的月海大概有 40 亿年。明亮的射线迟早会变得黯淡。

阿波罗 12 号“无畏”登月舱登陆月表的风暴洋

照片——美国航空航天局，摄于 1969 年 11 月 19 日

风暴洋是阿波罗 12 号登月舱的着陆点，它是月球上面积最大的月海，也是唯一实际被冠以海洋全拼名称的月海。这些月海是由远古陨星撞击月球击穿地壳形成的，凹陷的盆地最终被熔岩填充……因为其构成成分玄武岩的反射性能不太突出，它们以暗点的形式呈现。

《2012 年私人月亮之旅：台湾茂林断桥之下》

照片——摘自利奥尼德·蒂施科夫的《私人月亮》系列（2003— ）

利奥尼德·蒂施科夫与陈伯义 2012 年合作拍摄

俄罗斯艺术家利奥尼德·蒂施科夫自 2003 年以来连续创造并记录了一个恋上月亮的男子的种种奇遇。这位俄罗斯艺术家带着他的月亮周游世界，旨在探索人类对月亮这个天体的共同兴趣以及月亮提供的夜间陪伴。

菲尔德 – 哥伦比亚博物馆内的月亮模型（右图）

材质：灰泥、木头、金属

约翰·弗里德里希·尤利乌斯·施密特，德国，1898 年

天文学家约翰·弗里德里希·尤利乌斯·施密特毕生致力于月球的研究。他的月亮模型历时五年完成，参照的是他倾注数十年心血绘制的详细图纸。为了纪念他的贡献，月球上的一个陨石坑特意以他的名字命名。

THE
FEMALE
MOON

作为女性的月亮

女性的月经周期与月亮的月相周期大致相仿，因此月亮长期以来与女性、生育，和其他公认的女性特征联系在一起也就不足为奇了。数千年以来，男性与女性一直被类比成太阳与月亮——这两个天空中最显著的天体。然而，历经不同的文化和时代，宇宙神祇的性别一直处于互换不定的状态。在众多古代文化中，月亮是男性，或者双性一体，是男是女取决于月相。直至时间推移到人类历史的相对近代（大约自铁器时代始，尤其在希腊），月亮是女性的想法才最终确立下来，至少西方文化如此。

这种转变告诉我们的关于性别角色的认知，可能比从其他任何事情中得到的都要多。太阳和月亮相互依存，它们各自突出的能力和弱点之间存在相似性：比如太阳是巨大的能量来源，同时也具有毁灭的威力；月亮是稳定的，同时又是多变而温和的存在。月亮反射太阳光这一事实被普遍了解之前——后来被用来象征女性具有被动性——它曾是空中较为暗淡的发光体，尽管具有暂时遮盖太阳的本领。

月亮影响潮汐的认知增进了人类对人体的了解，尤其是女性的身体。在中世纪，水是代表月亮的元素，月亮女神露娜往往被描绘成具有水的特性，或者具有夸大的女性特征。相关的无稽之谈也随之兴起，比如满月时出生的婴儿比其他任何时候都要多，月圆时女性的生殖力更强。

数不胜数的书籍和网站提供着如何将月亮和女性生殖力的联系最大化的指导，然而事实上，月经周期和月相周期之间没有丝毫的关联。倘若情况真的属实，所有的女性就都会根据月相同步进行规律的排卵了，可是不容辩驳的统计数据证明这些流行的说法都是错的。

《魔笛》舞台设计图：“夜后宫星辰殿”，第一幕，第六场（左图）

尘蚀铜版画，彩色印刷，手工着色
卡尔·弗里德里希·蒂勒依据卡尔·弗里德里希·申克尔的设计图创作，约1847—1849年

莫扎特《魔笛》中的夜后是反派人物，阴险狡诈，擅长欺骗，最终被制服。蒂勒的舞台设计中夜后脚下的新月也许代表她的两面性，而形状多变的月亮是“女性”不可预测特性的象征。

《狄安娜》

镀铜雕塑——奥古斯塔斯 · 圣 · 高登斯，

1892—1893 年设计；1928 年铸造

听证大厅的《露娜》（右图）

壁画——彼得罗 · 佩鲁吉诺，1496—1500 年

上图和右图：希腊罗马神话中不存在唯一的月亮女神，多个女性神祇分别代表月亮的不同侧面。狄安娜和露娜都是罗马神话中的月亮女神：狄安娜主掌狩猎，是生殖女神和新生命的守护神；她对应希腊神话中的阿尔忒弥斯（更为年长），后者具有类似的特征。与此同时，露娜作为月神则更加代表月亮本身，往往被描绘成乘车在天际巡游的形象。

LVNA

《太空时代》（左图）

拼贴画——源自《太空时代拼贴画系列》，

亚历山德拉·米尔创作，2009 年

米尔认为人类对科技的尊崇类似宗教膜拜，我们对月亮的痴迷是典型的体现。罩在圣母玛利亚眼睛上的两个月亮说明圣母也对这个天体充满敬畏。

“就是这样实现的”

《环绕月球》，儒勒·凡尔纳著

木版画——埃米尔 · 安东尼 · 贝亚德，1870 年

月球的景观、登月的梦想和月球可能包含的宇宙秘密迷住了《环绕月球》中颇有胆色的主人公们。贝亚图创作的插图将一轮仔细描绘的发光满月与一位女性的形象画在一起。

《新月上的圣母子》（左图）

木刻——德国，约 1450—1460 年

圣母玛利亚通常和新月的形象描绘在一起，灵感可能源自希腊罗马神话中月亮女神阿尔忒弥斯和狄安娜，她们都和圣母一样具备贞洁的特征。

《月亮》

塔罗牌——安东尼奥 · 奇柯涅亚拉，1490 年

出自 15 世纪一副共 78 张的意大利塔罗牌。塔罗牌中的月亮牌通常被比拟成女人的形象，正如奇柯涅亚拉塔罗牌所示。

宇航员芭比

玩具——美泰公司，1965 年

1965 年，美泰公司迎合太空竞赛掀起的热潮，将芭比娃娃送上了月球（肯也随行）。她的银色太空服显然模仿了当时水星计划宇航员的着装设计。

《月亮上的女人》（右图）

海报，彩色石印画——阿尔弗雷德·赫尔曼，1929 年

弗里兹·朗的代表作是他 1927 年导演的具有开创意义的电影《大都会》。他早期的这部科幻电影呈现了多段式火箭、首次“倒计时”，和现代太空旅行中出现的其他特征，是一部探索性质的先锋影片。

FRAU im
MOND
EIN FILM VON
FRITZ LANG
MANUSKRIPT: THEA v. HARBOU

《三条美人鱼》

布面油画——汉斯 · 托马，1879 年

《反射月光的湖》（右图）

木版油画——埃米尔 · 帕拉格，1989 年

上图和右图：月亮长期以来跟水有关，托马的三条美人鱼让人联想到“三位一体”的女神主题，分别代表月盈、月满、月亏，即出生、生命、死亡。帕拉格抽象化的满月高挂在夜空，反射到水面上形成涟漪效应，呼应着月亮的不同月相。

《塞勒涅与恩底弥翁》

壁画——罗马，公元1世纪

在希腊神话中，塞勒涅是月亮的化身。牧羊人恩底弥翁是塞勒涅爱慕的对象，被施法陷入永久的沉睡，让塞勒涅能够欣赏他永恒的青春和美貌。她为他生育了50个孩子，这个数目被认为对应了每个奥林匹亚年之间朔望月的数目。

《双角托起新月的阿匹斯公牛》

绘画——罗马，来自庞贝，公元40—50年

阿匹斯公牛是埃及神话中的神牛。据说一束月光从天空照到它的身上，因此它经常被描绘成双角托起新月的形象。阿匹斯象征力量和生殖，是太阳神哈托尔（生殖女神和分娩守护神）的化身。

ANCIENT
LUNAR
DEITIES

古代月神

我们对月亮的原始痴迷，意味着几乎所有古代文化都存在月亮崇拜的例子。月亮女神的形象自希腊罗马文化传播以来就占据了主导地位，这种传播渗入犹太基督教文化直至今日。可是，在更为古老的文明中并不缺乏男性月神的存在，诸如美索不达米亚文化中的辛（南那），古埃及的透特、孔苏与奥西里斯；在西方之外的文化中，月神有时也一直保持男性的性别。

在印度教中，我们会邂逅月亮男神旃陀罗（Chandra）（或Soma苏摩），他的名字源自梵文，字面意思是“月亮”或“发光”。旃陀罗/苏摩通常作为生殖神被膜拜。宇宙主题在印度教大行其道，形成的代表各行星的众神（包括太阳神和月亮神）统称为“九曜”。宇宙现象被解读成正邪力量的永恒较量和恶魔的作祟，比如罗睺吞噬太阳或月亮造成日食或月食。光亮的暂时消失是紊乱、躁动的标志，预示将给众神、行星和人类带来危险。

旃陀罗以及其他月神和宇宙息息相关，因此通常被描绘成乘坐鹅、白马或羚羊拉的轮车驶过天际的形象。

在宗教语境和通俗文化中，神祇乘坐鸟儿或其他生物拉的轮车穿过宇宙奔向月亮的意象一直延续着。希腊罗马神话中的塞勒涅或露娜（分别对应希腊和罗马）就经常被描绘成在空中乘坐轮车驶过天际的形象，而在描绘月球之旅的幻想文学中，鸟儿驱驶的飞行器是频繁出现的主题。这种古怪的交通方式的灵感也许正是源于对古代月亮男神和女神的描绘。

但旃陀罗在月球的历史上留下了另一个印迹：2008年10月，印度将自行研发的月球探测器送入太空。探测器绕月10个月，拍摄下高分辨率的全新照片。他们将它命名为“Chandrayaan-1”（月船1号），向这位印度神祇致敬。

西藏罗睺像（左图）

绘画——西藏，时间不详

在印度神话中，罗睺是一条被砍去头颅的蛇的形象，砍头是为了惩罚他偷喝甘露，甘露却使他获得永生。他吞下太阳和月亮进行报复，然而他的身体装不下它们，它们便再次出现：解释日食或月食为时短暂的原因。这幅图中的罗睺被称为“九曜”的某些宇宙神祇包围。

亚历山大·谢尔盖耶维奇·普希金
诗歌《青铜骑士》的插图（左图）

纸本水彩——亚历山大·尼古拉耶维克·贝诺瓦，1905—1918 年

在艺术中，月亮通常会将黑夜与危险联系起来。图中的月亮照亮了一幕戏剧性的画面，一位骑士正在追捕一个在鹅卵石街道上踉跄逃跑的人。

《太阳轮车和月亮轮车》
摘自西塞罗的《阿拉托斯》

手稿插图，犊皮纸颜料画——英国，11 世纪

这幅图中的太阳神和月亮神被刻画成分别驾驭由马和牛拉的轮车的形象。在古代神话中，牛通常代表生殖，比如阿匹斯公牛，而生殖也被视作月亮的一个特性。

《太空征服者纪念碑》，俄罗斯莫斯科

浅浮雕，石头

A.P. 费迪西 - 克兰迪耶夫斯基、

A.N. 科尔钦、M.O. 巴什赫，1964 年

这座浮雕中的太空“征服者”包括为苏联太空计划做过贡献的科学家、工程师和工人。太空竞赛时代的苏联艺术常常会讴歌人民的集体力量（参见 86-87 页）。

《月亮轮车》（右图）

浮雕，石头——阿戈斯蒂诺 · 迪 · 杜乔，

15 世纪

这座大理石浮雕出自文艺复兴初期雕塑家阿戈斯蒂诺·迪·杜乔之手，装饰着意大利里米尼市的马拉泰斯塔诺教堂的十二宫小教堂。神话中的月亮女神在这里手持一轮新月，乘着两匹马拉的轮车。

太阳神阿波罗和月亮神狄安娜，

摘自《物象》，阿拉托斯著

手稿插图，犊皮纸颜料画——法国，10 世纪

正如 25 页的插图所示，太阳神赫利俄斯驾驭一辆四匹马拉的轮车，月亮女神塞勒涅乘坐的则是两头公牛拉的轮车。

“月神旃陀罗”，摘自《梦书》

纸本，不透明水彩、金粉、墨着色——印度，1700—1725 年

旃陀罗（苏摩）是古印度神话中的月神，是组成九曜的九位天体神祇中的一位，图中他乘坐着一只羚羊拉的轮车。他是水星神布陀的父亲。

THE MELANCHOLY MOON
悲伤的月亮

月亮总能触动我们的思绪。漫漫长夜它常常高悬在上，给那些失眠的人们、孤独的流浪者、沉思的诗人和思念的爱人带去陪伴。月亮在诗歌和艺术中成为代表这些心境的有力符号。潜在的基调往往是忧郁的，是一种人在反思自身的生命、意义以及在人世间的位置时体会到的深沉的哀伤，月亮在其中却扮演被动的角色：它挂在空中折射我们的所思所感，如同一张空白的画布、一位沉默的倾听者。在最受欢迎的英文诗歌之一——托马斯·格雷的《墓园挽歌》(1750 年) 中曾有，“一只阴郁的鸱枭向月亮诉苦”。格雷以一段墓志铭结束他对死亡和回忆的沉思，其中有这样一句，“‘清愁’把他标出来认作宠幸”。

在科学取得巨大进步和发现的时代，广阔无垠的自然反而是会被特别强调的一个主题。譬如在 19 世纪之初，当我们几乎完成了探索和绘制地球后，我们开始理解某些天气状况的形成因由，并且即将创造出更快捷的交通方式。小小的人物形象，凝望辽阔的风景或者地平线，画面上月亮都作为共同焦点出现，这些似乎都拨动了文化人的心弦，极受追捧。画面传达的忧伤往往带给人宁静的感受。月亮虽然总在变化却总是值得信赖的，在发生巨变的时代，我们似乎可以向月亮寻求一份慰藉的怀旧感。

一种更为深沉的忧伤弥漫在爱德华·蒙克的作品中，他也把月亮和月光用作反省和沉思的符号。他将更大的人物形象单独或成双置于月光下的地面风光或者海景之中，独处转变成孤独甚而沮丧。他的画作《圣云之夜》(1890 年) 就强烈地渲染出了这种氛围。在这幅作品中，我们可看到一个身体轮廓半藏在阴影中的男士倚窗而坐，月光透过窗倾泻而入。画面的深度透视和浓郁的黑暗凸显了蓝色的月光，赋予了整幅画沉思冥想的氛围。两年后，蒙克开始创作题为《忧伤》的系列作品，均以满脸心事重重、摆出沉思姿势的人物为特征，这幅画被认为是这个系列的前驱之作。

《圣云之夜》(左图)

布面油画——爱德华·蒙克，1890 年

画中人物的内心思想是作品的主题，而非人物本身；正如作品的氛围是表现的主旨，而非自然场景。一位显出身形轮廓的男士透过窗户望向大海，陷入沉思，一种忧郁感随之弥漫整个画面。

《水怪和艾吉尔的女儿们》

布面油画——尼尔斯·布隆梅，1850 年

在北欧神话中，艾吉尔是体现大海无上威力的海洋巨人。水手们会向他和同为海神的他的妻子拉恩膜拜，祈祷旅途平安，因为他们担心这对夫妻的报复会吞噬他们的船只。艾吉尔和拉恩育有九个代表波浪的女儿，每个女儿以一个特征命名，包括赫芙琳（抬高）、多芬（白沫）、杜法（抛掷）、赫蓉（上涌）、恩娜（细沫）。

《海上月出》

布面油画——卡斯帕·大卫·弗里德里希，1818 年

在这幅静谧的海景图中，三位同伴背朝观看者，向前凝视着月亮初升时暮色笼罩的平静海面。赏景的人似乎都若有所思、平静安详。它是浪漫主义绘画的经典之作，以弗里德里希为代表的艺术家们意图表达情绪、氛围和人的情感；与启蒙运动强调的科学与客观分庭抗礼。

Thy shaft flew thrice; and thrice my peace was slain;
And thrice, ere thrice yon moon had fill'd her horn.

Published by Will.m Baynes, Paternoster Row, Sept.r 1.1806.

Night 1.st line 212.

THE MOON AND DEATH
月亮与死亡

我们将月亮和众多赋予生命的元素和形象联系起来，诸如水、女人、生育、季节；月亮也可以被看作黑夜给人提供慰藉的光源。但是，月亮也和危险、不可预测性、未知产生关联，一部分原因是它只有在夜间才显得格外明亮。很多事情在夜幕笼罩下发生，从不合礼法的幽会到小罪轻罪，再到偷窃、袭击——甚至谋杀——的大罪重罪。

在文学、视觉艺术和电影中，这些场景通常发生在月色下，因为戏剧场景需要某种照明。漆黑在现实中也许更令人胆战心惊，但在虚拟环境中却不能跟月亮照明所创造的舞台氛围或者视觉戏剧效果相媲美。

在希腊古典神话中，尼克斯和厄瑞波斯——分别是代表黑夜和黑暗的神祇——生育了双胞胎塔纳托斯（死亡）和许普诺斯（睡眠）。月亮成为黑夜的符号后，紧接着就成了死亡的预兆。在绘画艺术中，尤其是浪漫主义时期以降，月亮往往跟黑夜的其他象征物一起出现，诸如蝙蝠和猫头鹰——后者经常被描绘成栖息在棺材、坟墓、废墟上的形象。

这种联系此后一直重复出现，先是在文学和艺术中，后来又出现在电影和设计中。甚至近如1989年，同样的设计被采用到海报宣传中，警告公众艾滋病毒在当时鲜为人知的致命危险：一轮圆月凸显在黑色的背景之上，下方一只凶恶的猫头鹰从暗处俯冲出来。

“你的箭飞来三次，三次扼杀了我的和平，然后三次，三次天边的月亮张满月弓。”（左图）

蚀刻版画——威尔·M. 贝恩斯出版，1806年

威廉·贝恩斯的这幅让人毛骨悚然的蚀刻版画是系列作品的一部分，描绘18世纪爱德华·扬的一首题为《夜思》的诗歌场景，诗人分九个部分（或“夜晚”）对生命、死亡和失落进行思索。贝恩斯的死神是对死亡的拟人化呈现，一副随时准备袭击的姿态。一弯新月在预示着不祥的四散云层中清晰可见。“收割”灵魂的镰刀准备就绪。沙漏象征命运和死亡的必然性。

《日食》研究

绿色布纹纸本，炭笔粉笔画——**伊莱休 · 维德**，1892 年

一个天使休憩时张开双翼，露出依偎在她身旁的月亮。当她这样做时，月亮就遮住了左下角的太阳。这幅插图来自维德的诗集《怀疑和其他事情》中的一首名为《日食》的诗歌，诗集后部有一幅描绘月神露娜的画像为如下诗句作注："我们凝视着你，只因苍白的光芒常带来悲伤的回忆。"

《哈耳庇厄》（右图）

彩色石印画——**汉斯 · 托马**，1892 年

在希腊罗马神话中，哈耳庇厄是长着鸟的身体和妇人的头的风之精灵。他们与冥界有关联，会把死者偷走接受神的惩罚——"哈耳庇厄"的名字意指"抢夺者"。托马描绘的这个令人生畏的生物保持着警戒的状态，背后是被苍白满月照亮的一片幽灵似的天空。

戏剧《男子汉》海报

彩色石印画——作者未知，约 1890 年

《月亮前的蝙蝠》（右图）

彩色木刻版画——美邦，约 1905 年

一轮满月为戏剧的舞台提供照明，使戏剧《男子汉》的情节得以开展；几只蝙蝠、一只俯冲的猫头鹰和墓地的场所设计都为其增加了不祥的预感。

蝙蝠是夜行生物，在世界各地的文化中，它是月色中常见的意象。

美邦

THE MOON IN ECLIPSE
月食

当太阳、地球、月球接近完美地排成一线时，就会发生日食或月食，每年大概四次到七次。相比地球的绕日轨道，月球的绕地轨道略有倾斜，因此三个天体必须在三个维度上排成一线。

日全食发生在新月移动到太阳和地球之间，处在狭长月影中的人们可以看到太阳光被完全遮挡，白昼变成暗夜，只显露出这颗离我们最近的恒星的外层大气——日冕。全食带范围之外更广阔的区域可以观测到场面不那么壮观的日偏食，太阳只有一部分被遮挡。

月全食发生在满月移动到地球的阴影当中。月亮变暗，但是一般仍然可见，呈现一种介于橘红和深红之间的颜色：地球虽然阻断了大部分太阳光，但是光谱中的红光会在通过地球大气层时发生折射（折射更常在透镜中看到，光线穿过玻璃和空气表面时发生屈折）。最终形成一轮红月挂在空中的奇观，好像火星突然之间靠近了地球一百多倍。

不同于极为罕见的日全食，当月亮高出地平线并穿过地球阴影的时候，月食在地球上任何地方都可以被看到。基于此，在任何给定场所看到月全食的概率要高得多。

月食和日食在过去往往被视作凶兆。克里斯托弗·哥伦比亚在 1504 年的春天利用了这一点，在当时紧张局势日益加剧的情况下，牙买加的阿拉瓦土著拒绝继续给他受困的船员提供食物。哥伦比亚知道一场月食即将到来，便向岛民说出预言，警告他们跟他合作。果然，升起的月亮是暗红色的圆球，这一令人心惊胆战的景象让岛民终止了他们的禁令。

《超级蓝血月》（左图）

照片——布莱恩·戈夫，2018 年

2018 年 1 月 31 日，世界上某些地区的观众目睹了罕见的“超级蓝血月”。这个事件中有三个天象同时发生：月球到达特别接近地球的位置，因而看起来更大一些（对应外号“超级”，参见 137 页）；同时它是一个月份中的第二次满月（对应“蓝月”，这个术语其实使用得并不准确，参见 175 页）；最后还发生了月全食（对应外号中的“血”——描绘月亮仿佛变成红色的时刻）。

PLATE III.
TOTAL ECLIPSE of the SUN.
Observed July 29, 1878, at Creston, Wyoming Territory.

日全食

1878 年 7 月 29 日观测于怀俄明地区的克莱斯顿（左页上图）

版画——E.L. 特鲁维洛特，1881—1882 年

日全食，法属波利尼西亚塔卡波托环礁（左页下图）

照片——米洛斯拉夫・德鲁克穆勒，2010 年

日全食内冕，马绍尔群岛埃尼威托克环礁（上图）

照片——米洛斯拉夫・德鲁克穆勒，2009 年

环绕太阳表面的磁场作用于太阳大气层中的带电粒子，形成“流状、环状和羽状”的粒子流。捷克数学家和天文摄影师米洛斯拉夫・德鲁克穆勒在全世界追踪日食景观，拍下这种效应的美丽图片，19 世纪 E.L. 特鲁维洛特的画作与德鲁克穆勒运用先进技术拍摄的照片惊人地相似。

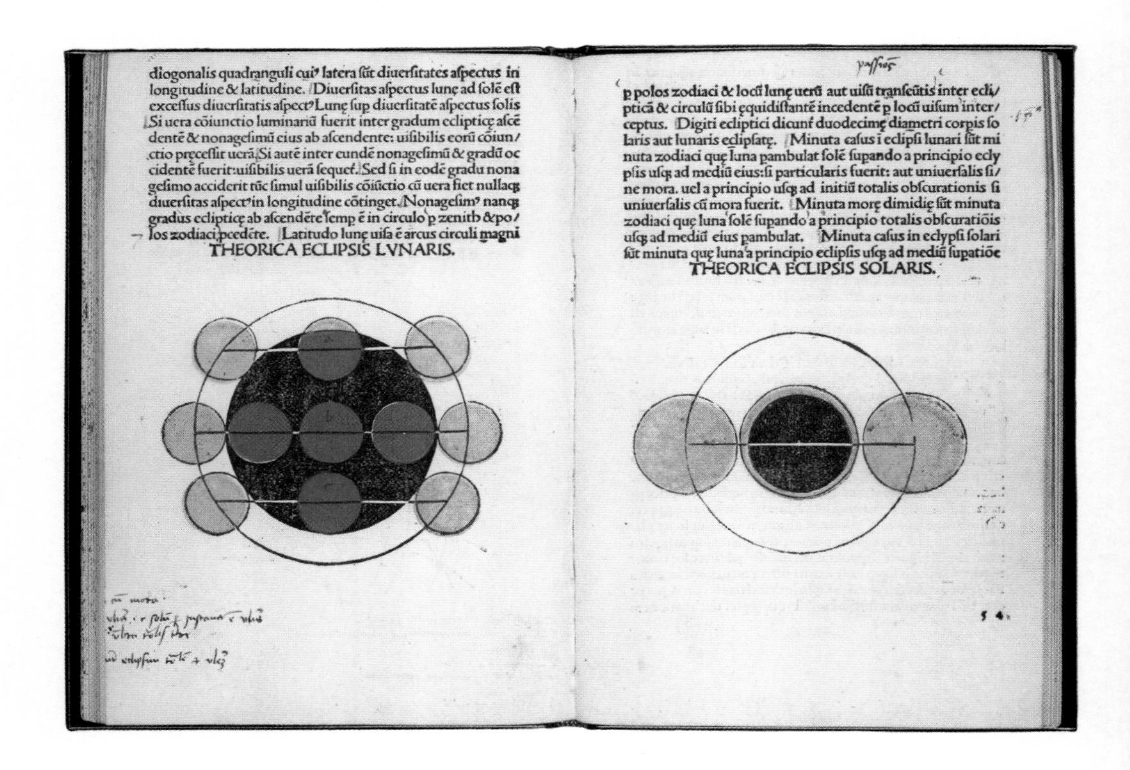
diogonalis quadranguli cui' latera sũt diuersitates aspectus in
longitudine & latitudine. Diuersitas aspectus lunę ad solẽ est
excessus diuersitatis aspect' Lunę sup diuersitatẽ aspectus solis
Si uera cõiunctio luminariũ fuerit inter gradum eclipticę ascẽ
dentẽ & nonagesimũ eius ab ascendente: uisibilis eorũ cõiun/
ctio precessit uerã. Si autẽ inter eundẽ nonagesimũ & gradũ oc
cidentẽ fuerit: uisibilis uerã sequet. Sed si in eodẽ gradu nona
gesimo acciderit tũc simul uisibilis cõiũctio cũ uera fiet nullaq3
diuersitas aspect' in longitudine cõtinget. Nonagesim' nanq3
gradus eclipticę ab ascendẽte semp ẽ in circulo p zenith & po/
los zodiaci pcedẽte. Latitudo lunę uisa ẽ arcus circuli magni
THEORICA ECLIPSIS LVNARIS.

p polos zodiaci & locũ lunę uerũ aut uisũ transeũtis inter ecli/
pticã & circulũ sibi ęquidistantẽ incedentẽ p locũ uisum inter/
ceptus. Digiti ecliptici dicunt duodecimę diametri corpis so
laris aut lunaris eclipsatę. Minuta casus i eclipsi lunari sũt mi
nuta zodiaci quę luna pambulat solẽ supando a principio ecly
psis usq3 ad mediũ eius: si particularis fuerit: aut uniuersalis si/
ne mora. uel a principio usq3 ad initiũ totalis obscurationis si
uniuersalis cũ mora fuerit. Minuta morę dimidię sũt minuta
zodiaci quę luna solẽ supando a principio totalis obscuratiõis
usq3 ad mediũ eius pambulat. Minuta casus in eclypsi solari
sũt minuta quę luna a principio eclipsis usq3 ad mediũ supatiõe
THEORICA ECLIPSIS SOLARIS.

54

“月食原理”与“日食原理”，摘自约翰尼斯·德·萨科罗博斯科所著的《论世界之星球》

彩色木刻——乔治·冯·珀尔巴赫，1485年

人类自古以来就致力于绘制星空图。上面显示的这本15世纪的学术著作，展现了多位天文学家的研究成果，其中有10页关于日食和月食的内容，基于约翰·雷吉欧蒙塔努斯的研究和13世纪天文学家约翰尼斯·德·萨科罗博斯科的专著《论世界之星球》。这是首本插图使用三种颜色（红、黄、黑）印刷的书籍。

日食和月食（右图）

手稿插图——俄国，18世纪

俄国18世纪的插图代表了《圣经》对日食或月食的看法。很难准确说清图中在发生什么，不过既然这幅插图摘自名为《末世》的手稿，可以推测不会是什么好事。

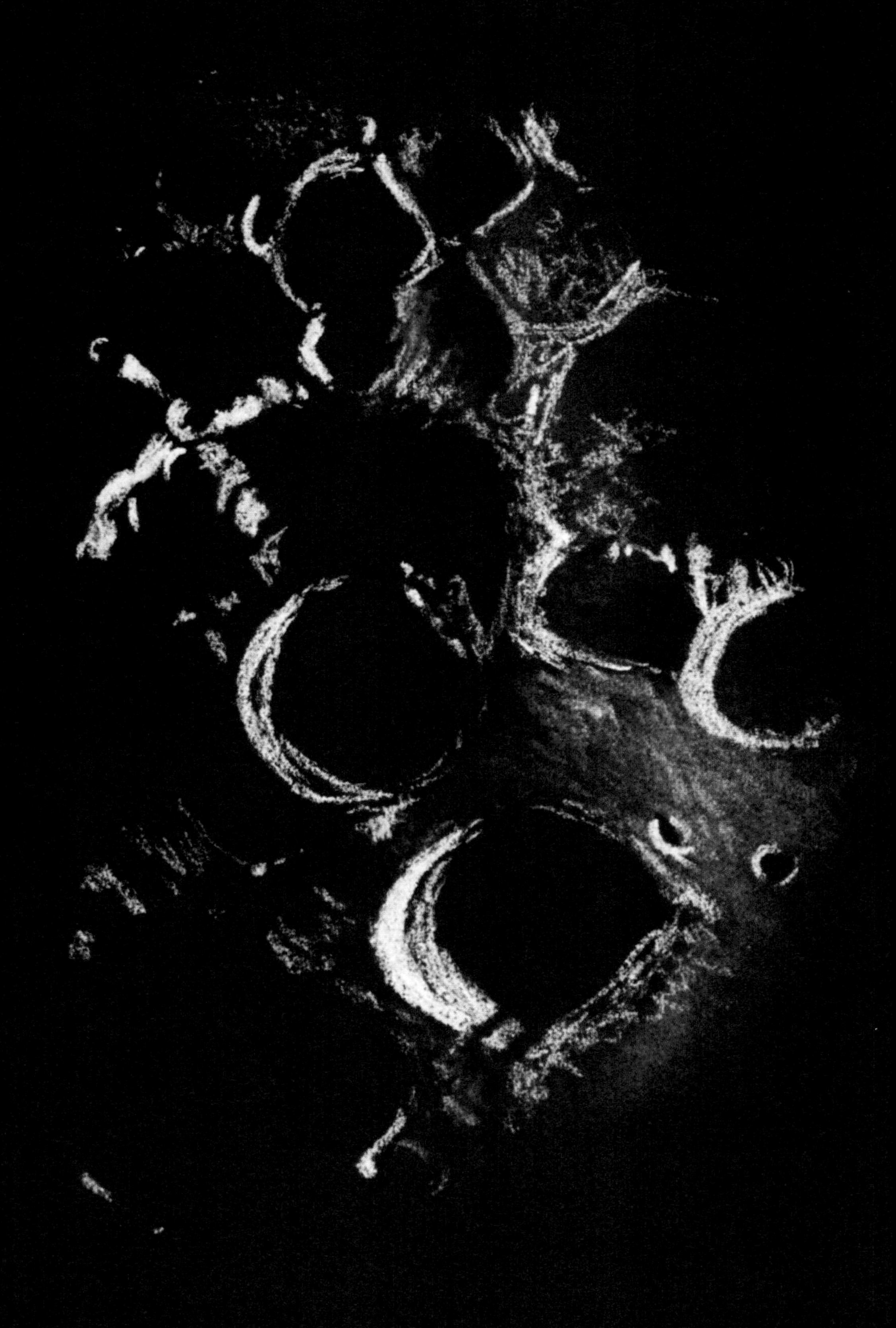

THE LUNAR X:
DRAWING
THE MOON

月球 X 标记：绘制月球

从 19 世纪后半叶开始，摄影术和如今发达的数码成像术取代了绘制月球图的需求。然而，很多业余天文爱好者至今仍然延续着这一传统。

这张图像由英国天文学家和艺术家萨莉·拉塞尔绘制，呈现了“月球 X 标记”的地形特征，它会在每月第一周（新月之后的七天）左右出现几个小时。当太阳照亮月球高地上布兰尼乌斯、拉凯勒、普巴赫陨石坑的边缘时，被照亮的边界好似会短暂交错在一起，形成字母 X 的图样。一旦太阳升至月球高空，更多陨石坑显露出来，这一效果就会消失。

拉塞尔和同事们描绘了观看精细的月球数码图像和亲眼见到月球景观的两种截然不同的体验，然后动手记录了下来。为了绘制 2014 年的这张素描，她通过一架小型高清望远镜以 170x 的放大倍率观测月景。拉塞尔和现代其他天文艺术家一样，一方面捕捉微小地形的细节；另一方面也兼顾描绘整体，如整个新月。

历史上的天文学家付出了超乎寻常的耐心，以素描的形式记录细节，绘制月球的后继者们得以在他们观察成果的基础上继续精进。绘制月球这样的天体一般需要耗费数年甚至数十年的光阴，借助网格和锚点将不同的图画缝合起来。早期的观测者和如今的后来者一样，致力于将望远镜的性能推向极限。光从月球几乎毫无阻挡地穿越 250000 英里（402336 千米）抵达地球。当它到达地球的低层大气时，路径会因为气流发生改变，导致望远镜中呈现闪烁的图像。任何人通过望远镜观看月球都可以看到这样的效果：轮廓分明的山脉、陨坑和平原处在不断移动、出现、消失的循环中。手绘的月球图艰辛地记录下了那些细微至极的地形的位置和形状。

柏林天文学家威廉·比尔、约翰·梅德勒（1836）和约翰·施

《月球 X 标记》（左图）

黑色纸本蜡笔画——萨莉·拉塞尔，2014 年

这幅画的主题——月球 X 标记——只有在深黑与亮白形成极致对比时才会显现，即随着太阳逐渐升起一点点照亮月表时会短暂出现。

密特（1878）翔实精细的作品代表了月球绘图的巅峰。施密特的月球图虽然后来被月球科学家玛丽·布拉格发现有一些错误，但绝对是全面的。这张图记录下了近 33000 个陨坑，并运用月球上的阴影计算出了 3000 多座山脉的高度。

如今时移世易。电子传感器发生了变革性的进步，即使是业余的天文爱好者也可以获得精细的月表图像，早就不需要画图了。因此，当代兼具艺术家身份的天文学家关注的重点和过去的月图绘制者截然不同，但他们仍在继续用人性化的视角观察月球和那些在壮丽景观中凸显出来的微妙特征。

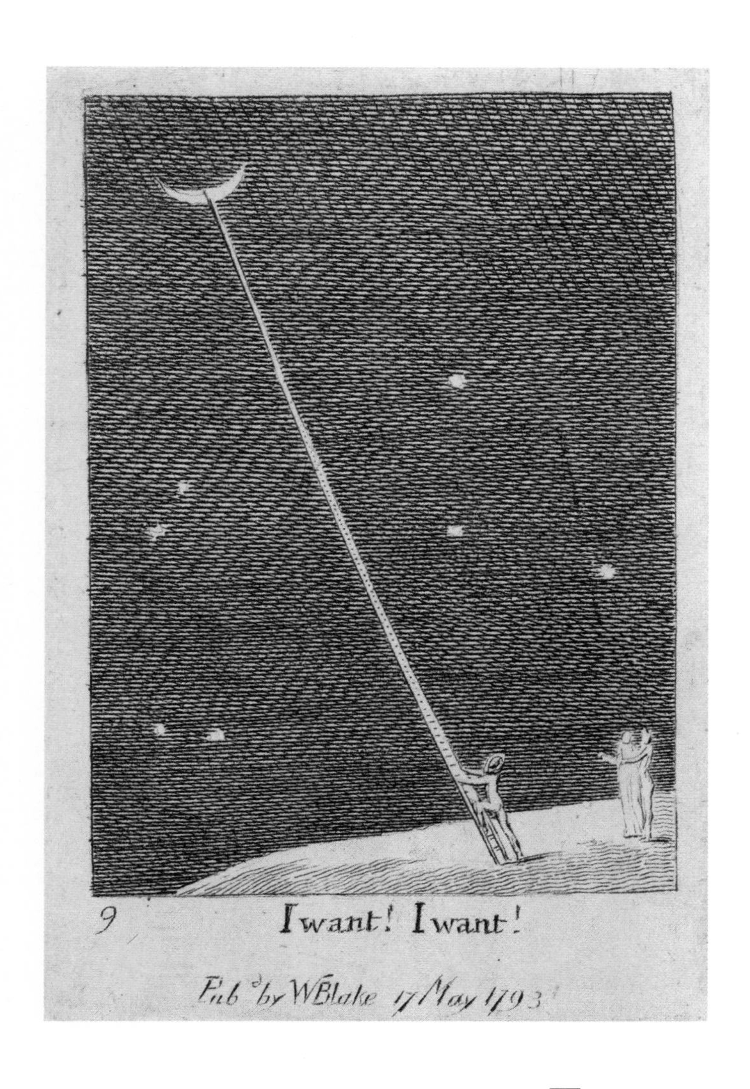

“我想！我想！”摘自《写给两性：天堂的大门》

版画——威廉·布莱克，1793 年

在威廉·布莱克写给孩子的诗集中，一个孤单的人儿正借助一架长长的梯子爬上月亮。这幅小画(2 x 2.5 英寸) 激发了人们的阅读兴趣：一个小小的太空旅行者抬头仰视上方，还有两个人物抱在一起战战兢兢地旁观。这个爬梯人的梦想愚蠢吗?

“梦游者”

摘自《敏希豪生男爵历险记》

彩色石印——阿道夫－阿方斯·瑞里－毕查德，1879年

在20世纪之前，太空旅行一般以一种异想天开、科技含量较低的形式出现。这幅图中主人公正顺着一根长长的豆茎爬上月亮。

THE FIRST MEN ON THE MOON
登月第一人

尼尔·阿姆斯特朗和巴兹·奥尔德林在月球行走时，两位宇航员在月表花了两个多小时进行舱外活动，同时实施科学实验，与从总统办公室打来电话的美国总统理查德·尼克松通话，并将电视直播画面发回地球。黑白电视画面画质平平，因为登月舱的无线电带宽受限，故意设限的目的是让关键数据在航天器和任务控制中心之间实现传输。

相比之下，队员们携带的哈塞尔·布莱德相机拍摄的静止照片却清晰生动。在这张最著名、也许是阿波罗时代最具代表性的图片中，巴兹·奥尔德林站在月表。他描绘的"壮丽的荒凉"显而易见，深灰的底色上闪耀着彩色的美国国旗、奥尔德林宇航服的阀门以及登月舱的金色支腿。那些标记着两名宇航员在登月舱周围活动的脚印，只会受到缓慢的微小陨石雨的侵蚀，在数十万年后仍然可以见到。

奥尔德林靴子上的尘埃也显而易见。两位队员都尽力把尘埃掸掉，但难免有一些混进登月舱。在后来几次任务中，月尘被描述为有一股火药味，还使阿波罗 17 号的宇航员哈里森·施密特出现了枯草热的症状。

阿姆斯特朗将相机放在他宇航服的前胸位置，拍摄了大部分照片，所以这位阿波罗任务的指令长几乎没有为自己留影。然而在这幅照片上，可以清晰地看到这位登月第一人投射在奥尔德林头盔面罩上的影像。

月面上的巴兹·奥尔德林（左图）

照片——尼尔·阿姆斯特朗，

1969 年 7 月 20 日

这张照片被选入《时代》杂志"史上最具影响力的 100 张照片"之一。杂志认为，正是巴兹·奥尔德林的脆弱，使这张照片胜过了阿波罗 11 号任务拍摄的其他照片，成为最令人入迷的图像。他，一个渺小的人类站在硕大的月球上，站在"壮丽的荒凉"中，映在他的头盔上的扭曲的图像给画面增添了超现实的特质。

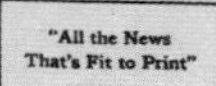

"All the News That's Fit to Print"

The New York Times

LATE CITY EDITION

Weather: Rain, warm today; clear tonight. Sunny, pleasant tomorrow. Temp. range: today 80-66; Sunday 71-84. Temp.-Hum. Index yesterday 69. Complete U.S. report on P. 56.

VOL. CXVIII. No. 40,721 · NEW YORK, MONDAY, JULY 21, 1969 · 10 CENTS

MEN WALK ON MOON

ASTRONAUTS LAND ON PLAIN; COLLECT ROCKS, PLANT FLAG

Voice From Moon: 'Eagle Has Landed'

EAGLE (the lunar module): Houston, Tranquility Base here. The Eagle has landed.

HOUSTON: Roger, Tranquility, we copy you on the ground. You've got a bunch of guys about to turn blue. We're breathing again. Thanks a lot.

TRANQUILITY BASE: Thank you.

HOUSTON: You're looking good here.

TRANQUILITY BASE: A very smooth touchdown.

HOUSTON: Eagle, you are stay for T1. [The first step in the lunar operation.] Over.

TRANQUILITY BASE: Roger. Stay for T1.

HOUSTON: Roger and we see you venting the ox.

TRANQUILITY BASE: Roger.

COLUMBIA (the command and service module): How do you read me?

HOUSTON: Columbia, he has landed Tranquility Base. Eagle is at Tranquility. I read you five by. Over.

COLUMBIA: Yes, I heard the whole thing.

HOUSTON: Well, it's a good show.

COLUMBIA: Fantastic.

TRANQUILITY BASE: I'll second that.

APOLLO CONTROL: The next major stay-no stay will be for the T2 event. That is at 21 minutes 26 seconds after initiation of power descent.

COLUMBIA: Up telemetry command reset to reacquire on high gain.

HOUSTON: Copy. Out.

APOLLO CONTROL: We have an unofficial time for that touchdown of 102 hours, 45 minutes, 42 seconds and we will update that.

HOUSTON: Eagle, you loaded R2 wrong. We want 10254.

TRANQUILITY BASE: Roger. Do you want the horizontal 55 15.2?

HOUSTON: That's affirmative.

APOLLO CONTROL: We're now less than four minutes from our next stay-no stay. It will be for one complete revolution of the command module.

One of the first things that Armstrong and Aldrin will do after getting their next stay-no stay will be to remove their helmets and gloves.

HOUSTON: Eagle, you are stay for T2. Over.

Continued on Page 4, Col. 1

VOYAGE TO THE MOON

By ARCHIBALD MACLEISH

Presence among us,

wanderer in our skies,

dazzle of silver in our leaves and on our waters silver,

O

silver evasion in our farthest thought—
"the visiting moon" . . . "the glimpses of the moon" . . .

and we have touched you!

From the first of time, before the first of time, before the first men tasted time, we thought of you.
You were a wonder to us, unattainable,
a longing past the reach of longing,
a light beyond our light, our lives—perhaps
a meaning to us . . .

Now
our hands have touched you in your depth of night.

Three days and three nights we journeyed,
steered by farthest stars, climbed outward,
crossed the invisible tide-rip where the floating dust
falls one way or the other in the void between,
followed that other down, encountered
cold, faced death—unfathomable emptiness . . .

Then, the fourth day evening, we descended,
made fast, set foot at dawn upon your beaches,
sifted between our fingers your cold sand.

We stand here in the dusk, the cold, the silence . . .

and here, as at the first of time, we lift our heads.
Over us, more beautiful than the moon, a
moon, a wonder to us, unattainable,
a longing past the reach of longing,
a light beyond our light, our lives—perhaps
a meaning to us . . .

O, a meaning!

over us on these silent beaches the bright
earth,

presence among us

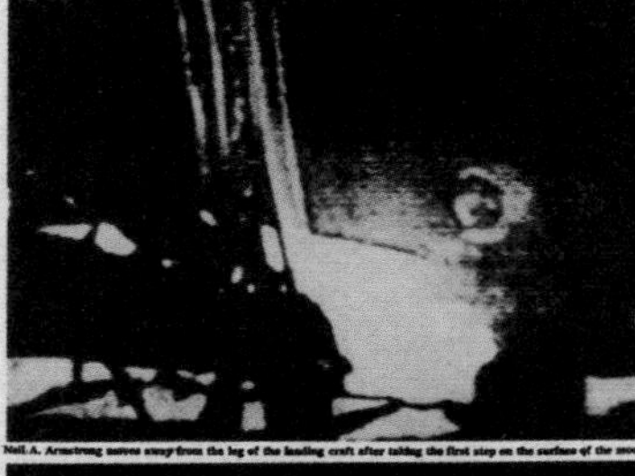

Neil A. Armstrong moves away from the leg of the landing craft after taking the first step on the surface of the moon

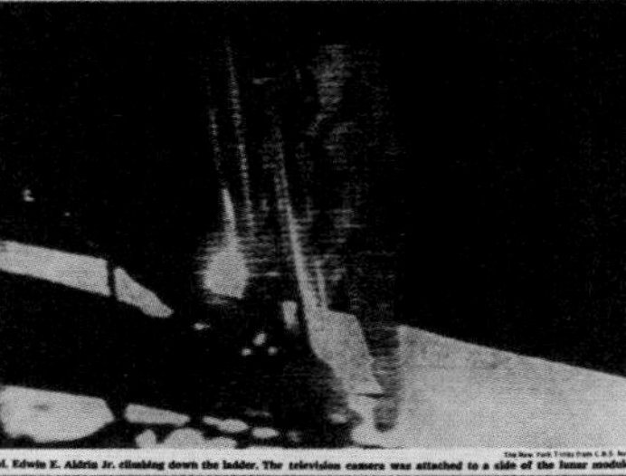

The New York Times (from C.B.S. News)

Col. Edwin E. Aldrin Jr. climbing down the ladder. The television camera was attached to a side of the lunar module.

Associated Press

Mr. Armstrong, right, and Colonel Aldrin raise the U.S. flag. A metal rod at right angles to the mast keeps flag unfurled.

A Powdery Surface Is Closely Explored

By JOHN NOBLE WILFORD

Special to The New York Times

HOUSTON, Monday, July 21—Men have landed and walked on the moon.

Two Americans, astronauts of Apollo 11, steered their fragile four-legged lunar module safely and smoothly to the historic landing yesterday at 4:17:40 P.M., Eastern daylight time.

Neil A. Armstrong, the 38-year-old civilian commander, radioed to earth and the mission control room here:

"Houston, Tranquility Base here. The Eagle has landed."

The first men to reach the moon—Mr. Armstrong and his co-pilot, Col. Edwin E. Aldrin Jr. of the Air Force—brought their ship to rest on a level, rock-strewn plain near the southwestern shore of the arid Sea of Tranquility.

About six and a half hours later, Mr. Armstrong opened the landing craft's hatch, stepped slowly down the ladder and declared as he planted the first human footprint on the lunar crust:

"That's one small step for man, one giant leap for mankind."

His first step on the moon came at 10:56:20 P.M., as a television camera outside the craft transmitted his every move to an awed and excited audience of hundreds of millions of people on earth.

Tentative Steps Test Soil

Mr. Armstrong's initial steps were tentative tests of the lunar soil's firmness and of his ability to move about easily in his bulky white spacesuit and backpacks and under the influence of lunar gravity, which is one-sixth that of the earth.

"The surface is fine and powdery," the astronaut reported. "I can pick it up loosely with my toe. It does adhere in fine layers like powdered charcoal to the sole and sides of my boots. I only go in a small fraction of an inch, maybe an eighth of an inch. But I can see the footprints of my boots in the treads in the fine sandy particles."

After 19 minutes of Mr. Armstrong's testing, Colonel Aldrin joined him outside the craft.

The two men got busy setting up another television camera out from the lunar module, planting an American flag into the ground, scooping up soil and rock samples, deploying scientific experiments and hopping and loping about in a demonstration of their lunar agility.

They found walking and working on the moon less taxing than had been forecast. Mr. Armstrong once reported he was "very comfortable."

And people back on earth found the black-and-white television pictures of the bug-shaped lunar module and the men tramping about it so sharp and clear as to seem unreal, more like a toy and toy-like figures than human beings on the most daring and far-reaching expedition thus far undertaken.

Nixon Telephones Congratulations

During one break in the astronauts' work, President Nixon congratulated them from the White House in what, he said, "certainly has to be the most historic telephone call ever made."

"Because of what you have done," the President told the astronauts, "the heavens have become a part of man's world. And as you talk to us from the Sea of Tranquility it requires us to redouble our efforts to bring peace and tranquility to earth.

"For one priceless moment in the whole history of man all the people on this earth are truly one—one in their pride in what you have done and one in our prayers that you will return safely to earth."

Mr. Armstrong replied:

"Thank you Mr. President. It's a great honor and privilege for us to be here representing not only the United States but men of peace of all nations, men with interests and a curiosity and men with a vision for the future."

Mr. Armstrong and Colonel Aldrin returned to their landing craft and closed the hatch at 1:12 A.M., 2 hours 21 minutes after opening the hatch on the moon. While the third member of the crew, Lieut. Col. Michael Collins of the Air Force, kept his orbital vigil overhead in the command ship, the two moon explorers settled down to sleep.

Outside their vehicle the astronauts had found a bleak

Continued on Page 2, Col. 1

Today's 4-Part Issue of The Times

This morning's issue of The New York Times is divided into four parts. The first part is devoted to news of Apollo 11, and includes Editorials and letters to the Editor (Page 16). Poems on the landing on the moon appear on Page 17.

General news begins on the first page of the second part. The News Summary and Index is on the first page of the third part, which includes sports news, obituaries (Page 51) and transportation news and weather reports (Pages 50 and 52).

Financial and business news begins on the first page of the fourth part.

Following is the News Index for today's issue:

“人类在月球行走”

报纸

《纽约时报》，1969 年 7 月 21 日

诚如《纽约时报》的简要报道，宇航员们的确“登上月表、采集月岩、竖起国旗”。他们成就的文化和历史意义受到世界的瞩目。

竖立国旗（上图）

照片

美国航天局，1969 年 7 月 20 日

尼尔·阿姆斯特朗（左）和巴兹·奥尔德林在月球竖起美国国旗。他们还留下一块题字的纪念牌：“我们为全人类的和平而来”。

芝加哥城欢迎阿波罗 11 号宇航员的到来（背页）

照片

照片研究者，1969 年 8 月 13 日

最初在纽约、芝加哥、洛杉矶举行的“英雄”彩带游行扩大到为期 45 天、到访 25 个国家的“伟大的一步”巡游。

WELCOME TO
CHICAGO

从月球返回被隔离的阿波罗 11 号宇航员（从左到右）尼尔·阿姆斯特朗、迈克尔·科林斯、巴兹·奥尔德林

照片——《生活》杂志图集，1969 年 7 月 24 日

阿波罗 11 号的宇航员返回地球后被隔离了 21 天，以防他们从月球带回任何有害的传染病菌。隔离要求在阿波罗 14 号任务之后就被免除，当时已经证实月球上不存在任何病原体。

阿波罗 11 号任务徽章

概念艺术——阿波罗 11 号成员，美国航天局，1969 年

按照传统，参与成员自行创作任务徽章，迈克尔·科林斯承担了主要的设计工作。徽章上故意略去他们的名字，向那些使这次任务得以实现的大量地面工作人员致敬。地球这颗“蓝色弹珠”在图标的左上角，阴影部位却弄错了位置（从月球看它应该处于水平的下半部位）。一只鹰——既是美国的国鸟也是登月舱的名字——携来一根象征和平的橄榄枝。

THE DRESS REHEARSAL FOR THE MOON LANDING

登月彩排

1969年5月18日，宇航员托马斯·斯塔福德、约翰·杨、尤金·塞尔南升空执行一次测试成功登月所有组成步骤和飞行技术的任务。他们的阿波罗 10 号飞行任务是为两个月后阿姆斯特朗和奥尔德林成功登月进行的至关重要的彩排。

斯坦福德和塞尔南 5 月 21 日到达月球轨道，次日进入登月舱。在阿波罗 11 号之前，世界上还没有哪个航天局能将人类送上外星球，因此测试即将执行登月任务的航天器尤为重要。

两位宇航员与留在后头指挥舱的约翰 · 杨分别，操纵登月舱下降到距离月表 10 英里（约 16 千米）的高度，塞尔南后来描述他们如何为尼尔 · 阿姆斯特朗“在空中划出一条白线”，“他只要降落就好。”但这却忽略了他们回程路上发生的戏剧性的一幕。

后来归结为人为错误——开关置于错误的位置，意味着登月舱会在错误的时间自动寻找指挥舱——航天器开始不受控制地旋转，很可能最后撞向下方的月球。旋转了 5 分钟后，成员们抛出了下降级（登月舱的下半部分），安全返回与杨会合。指挥舱 5 月 23 日启程返回地球，3 天后溅落太平洋。

太空旅行的风险过去有，现在依然存在，尤其是在航天器重新进入地球大气层的最后一段返程。以每秒 7 英里（约 11 千米）的速度——大约是步枪子弹飞行速度的 30 倍——穿过大气，预计会使飞行器的温度攀升至 5000 华氏度（超过 2700 摄氏度），这样的高温足以轻易让多数金属熔化。作为应对，阿波罗任务的成员都会罩上一层薄薄的塑料保护膜以抵抗高温，保护膜在下降过程中烧掉，使里面的宇航员处于舒适的温度环境中。

烧焦的阿波罗 10 号指挥舱现藏于伦敦的科学博物馆。那里陈列着的是一艘曾经进入太空遨游如今重回公众视线的航天器——

从登月舱看到的阿波罗 10 号指令服务舱（左图）

照片——美国航天局，1969 年

阿波罗 11 号成功登月两个月前，宇航员托马斯·斯塔福德、约翰·杨和尤金·塞尔南出发进行登月操作演练。

虽然它仅仅是发射的土星 5 号火箭（Saturn V）和有效载荷的极小组成部分。（名为“史努比”的登月舱的上半部分现在被认为在绕日轨道上。）

不管队员们私下做何感想，他们都没有公开表现出对错过登月的沮丧，三位宇航员后来再度返回太空。杨在阿波罗 16 号任务中实现月面行走，之后执行了首次航天飞机的飞行任务；塞尔南搭乘阿波罗 17 号返回月球；斯坦福德成为 1975 年美苏首次合作的阿波罗 - 联盟号任务的指令长。

爱荷华州的月球撞击坑（上图）

太空雷达图像——**美国航天局，1994 年**

爱荷华州的月球撞击坑国家纪念地和保护区是一片荒凉地带，熔岩流创造的凹凸不平的玄武岩地貌与它的名称完全相符。1969 年，阿波罗 12 号的宇航员来到月球撞击坑深入了解火山地形，为他们的登月任务做准备。

阿波罗 11 号登月舱——鹰号（右图）

合成照片——**美国航天局，1969 年 7 月 20 日**

这张合成照片可以帮助我们想象尼尔·阿姆斯特朗和巴兹·奥尔德林驾驶登月舱降落月表静海的情景，随后阿姆斯特朗便在此发出不朽的宣告：“休斯敦……鹰号成功着陆。”

赫歇尔陨坑

照片——阿波罗 12 号 / 美国航天局，1969 年

这个月球陨坑以发现天王星的著名天文学家威廉·赫歇尔的名字命名。中心位置的高峰是月表遭到撞击回弹形成的。

Fig. 3.—A Lunar Halo.

《大众科学》图 3“月晕”

版画——英国，19 世纪

月晕是月光和高层大气中的冰晶相互作用产生的光学效应。月光穿过这些冰晶时会发生 22 度或者更大度数的折射，形成一个比月球大 44 倍的光环。

月球仪

混凝纸和黄铜制作——约翰·拉塞尔，1797 年

拉塞尔制作月球仪是为了展示月球（较大球体）围绕地球运动的方式。拉塞尔基于自己数十年绘制的详细的月球图在月球仪上雕刻精美的陨坑、月海和山脉。只有一面的地貌做了展示，因为只有这一面可以从地球看到。

“月亮”，摘自《节庆日历》

彩色石印——汉斯·托马，约1910年

汉斯的众多作品都有神话主题，其中包括他在1910年出版的《节庆日历》。在这幅特别的插图中，月亮有一张男人的脸，一颗泪珠似乎正从他的左眼滴落下来。一个光环，或者说一个布满占星符号的王冠悬浮在上方。

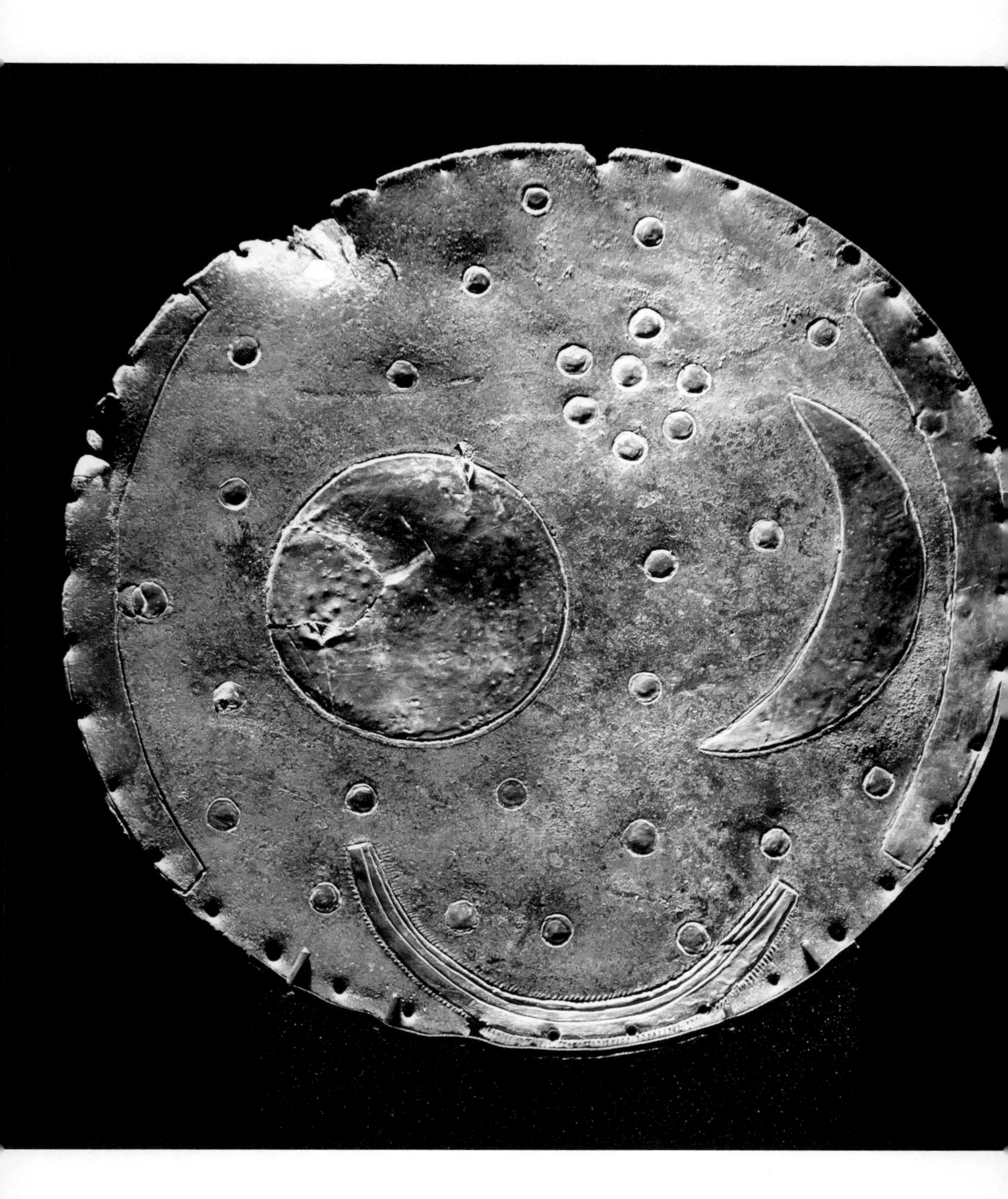

THE
NEBRA
SKYDISC

内布拉星盘

内布拉星盘（左图）

镶金青铜——德国，
约公元前 1600 年

从不法分子手里解救出来的内布拉星盘让考古学家们大为惊艳，为研究史前时期的学者证明当时存在比之前认为的更为复杂的文化提供了证据。人们认为它代表着宗教思想——底部的新月图案也许是载送众神的太阳舟——并对有关“神圣”收获时节的农事提供指导。

大约从最早的文明开始，人类就了解月相的原理，并运用天体的运行规律和变化形态提供基本的历法结构。知晓季节变换的方式和时间以及潮汐的时辰，对那些靠捕鱼和农业为生的族群至关重要。我们在多数古代文化中发现了对月亮和其他天体的描绘和人格化表现。星图极其稀少，这使得内布拉星盘成为一个特殊的存在。

该星盘可以追溯到约公元前 1600 年，是已知人类最早尝试绘制的星图，比埃及的星图早出现 200 年左右。它直径长达 12.5 英寸（约 32 厘米），重约 4.5 磅（约 2 千克），青铜铸造，如今腐蚀成我们看到的蓝绿色，饰有黄金图案。它在 1999 年才被寻宝猎人在德国内布拉镇附近发现（后试图在黑市出售）。

这个脆弱的物件在出土时不幸受损，但是上面的符号仍清晰可见。星盘展示了一个简单却壮阔的宇宙图景：一弯新月、一轮满月或者太阳、三个更纤细的月牙图案以及可能代表星星的 30 颗小圆盘。七颗星星聚成的星团被确认为昴宿星团，其余行星也被细心辨认。这似乎证实了这只星盘意在对宇宙进行准确地描绘。

我们仍不清楚这只星盘的准确用途。考虑到太阳和月亮的崇高地位，它像是宗教器物，但是也可能是天文工具或者也许两者兼具。昴宿星团是重要的星团，凸显在北半球代表收获的秋季的夜空上，在春季消失。因而星盘被推测描绘了收获播种的最佳（或神圣）时节。

然而围绕这只星盘也存在着争议，尤其考虑到它被发现时的可疑状况。类似这样的制品可以预期会出现在古希腊、埃及和美索不达米亚文明，在欧洲却从未出现过，人们一度担心这是一场骗局。值得庆幸的是，对已经腐蚀的表面进行的科学检测已经证实它真实无疑，也许它至少是我们准确描绘新月的最早图案。

F.BALUSCHEK

Peterchens Mondfahrt

《小彼得月球旅行记》（左图）

书籍封面，彩色石印

格特·冯·巴塞维茨（作者）、

汉斯·巴鲁舍克（插图画家），1915 年

巴塞维茨迷人的童话故事展示了一种轻松新颖的去往月亮的方式：一只甲壳虫神奇的吟唱赋予两个孩子飞行的能力，他们要去往月亮，从恶人手里救回甲壳虫被偷走的一条腿。睡眠精灵的月亮车和一只大熊（大熊座）充当他们在太空的交通工具。

《耶路撒冷》第 100 幅

刻画罗斯和艾涅哈蒙的插图

纸本蚀刻，笔、水彩、金粉上色

威廉·布莱克，1804—1820 年

在威廉·布莱克著名的诗歌中，艾涅哈蒙这个人物是用月亮来象征的。她是罗斯的"分身"和妻子。背景是巨石阵。它修建于青铜时代，我们至今没有弄清它的修建方式和用途。很多人认为它是一个天文观测台，出于宗教或农事的目的研究太阳和月亮的运动。

GEORGES MÉLIÈS'
LE VOYAGE DANS
LA LUNE

乔治 · 梅里爱的《月球旅行记》

当月亮在故事、童话或者更近代文化的广告和电影中扮演主角时，通常需要把它变成一个更易亲近的形象，确切地说，赋予它一张人脸。

最具代表性的拟人化月亮画面之一来自一部 19、20 世纪之交的法国电影，当时电影是新兴的媒体。在电影先锋导演乔治 · 梅里爱亲自主演的默片《月球旅行记》中，一艘子弹模样的宇宙飞船从地球的大炮发射出去，正好戳中月球的右眼。宇宙飞船撞落到看似湿软的月表的连续画面，也许是对定格动画的最早运用。

月亮被地球火箭伤到的画面显然惹人发笑，这部电影通常被认为是对它的灵感来源——儒勒 · 凡尔纳和赫伯特 · 乔治 · 威尔斯的流行科幻小说——的滑稽模仿。这部科幻小说中几乎没有科学的元素：宇航员没有穿宇航服，月球好像有与地球类似的大气层，宇航员造访月球期间甚至下起了雪。梅里爱的月球上居住着好斗的昆虫模样的塞勒涅人，他们以标枪为武器，却会在遭到重击或者只是跌个大跟头时，烧成一团烟雾消失不见。塞勒涅人一时占据上风，把宇航员们押到月球法庭上，结果却让这些人成功脱身逃回飞船。这些探险者虽然经历了颇为羞耻的厄运，回来却受到了英雄般的礼遇。而在飞船准备回到地球时，一位塞勒涅人蹿上了飞船，最后不幸被游行示众。

这部获得巨大成功的影片对流行文化如何想象太空旅行进行了引人入胜的探究，尤其电影还是如此新兴的媒体。梅里爱热衷于挖掘剧情的趣味和怪诞的可能性，不去尝试任何程度上的现实主义。然而，在愚蠢的闹剧背后，探险者们对月球的入侵却暗藏着黑暗暴力的一面，而宇航员们则被嘲笑成频频犯错的傻瓜。《月球旅行记》不仅是科幻电影的先驱之作，也可以解读为讽刺帝国主义的辛辣作品。

《月球旅行记》
的电影画格（左图）

电影剧照——乔治 · 梅里爱，
1902 年

在电影技术刚刚起步且主要以拍摄纪录片为主的时代，乔治 · 梅里爱率先运用特效将幻想搬上银幕。他对舞台魔术和法国魔术师让 - 尤金 · 罗伯特 - 霍丁的作品产生浓厚的兴趣，最终买了自己的剧院，逐渐将幻象的创造从舞台上移到镜头前。

EARTHRISE

《地出》

1967 年 2 月，阿波罗 1 号发生悲惨的火灾事件。直到第二年的年末，美国航天局才再一次启动月球任务。12 月 21 日，阿波罗 8 号发射起飞，任务成员——弗兰克 · 博尔曼、詹姆斯 · 洛威尔、威廉（比尔）· 安德斯——成为首批去往月球完成绕月飞行的人类。

途中，灰色沉沉的荒凉月表和充满活力的五彩地球形成鲜明对比，国界也完全消失，三位宇航员被此景深深地震撼。即便是近地轨道上的遨游者，也会将大部分时间用来欣赏下方这个生机勃勃的美丽世界。几乎所有的生命都栖息在介于海洋底部和最低层大气之间的一个相对单薄的层面，而这个层面从太空俯视的角度看来显得格外脆弱。

到圣诞节前夜，航天器已经完成若干次绕月飞行，宇航员们测试系统，安德斯用阿波罗计划专用的一款改良的手持式哈塞尔布莱德相机拍摄月表照片。一位或者所有成员（他记不起来是哪位）说了一句，“哦，天哪！快看那儿！”只见地球从月亮背后升了起来。

安德斯抓起装有彩色胶卷的相机开始拍摄。拍摄出来的《地出》照片，描绘了一个与毫无生气的月球荒漠相邻的生机勃勃、五彩斑斓，却易受伤害的世界。这张照片被称作摄影史上最具影响力的照片之一，激励了新兴的环境运动，促使了“地球太空船”概念的形成。

《地出》成为《时代》杂志推出的百张“改变世界”的照片之一，其中还有巴兹 · 奥尔德林站在月表的图片、哈勃太空望远镜拍摄的“创世之柱”。另外，还有地球主题的图片，诸如 1971 年杰奎琳 · 肯尼迪 · 奥纳西斯的一张照片、乔 · 罗森塔尔 1945 年拍摄的美国士兵在硫磺岛升起美国国旗的照片。

安德斯和那些后继者继续反思着地球和接近虚无、了无生机的黑暗太空的对比。他说：“我们飞出这么远来探索月球，结果却发现了地球，这是最重要的发现。”他无疑说出了所有宇航员——尤其是那些被选中到地球轨道之外的太空探险的少数宇航员——的心声。

《地出》（左图）

照片——**威廉 · 安德斯**，1968 年

安德斯的地球图片质朴平白，提醒了所有人我们这颗非凡的星球是多么壮美，多么需要我们的保护。宇航员们在月球轨道上时，洛威尔的直播讲话饱含情感：“太空一片孤寂，令人敬畏，让你意识到你身后的地球拥有的一切。”

“登月”，1890 年德文版儒勒 · 凡尔纳的《环绕月球》卷首插图

彩印——根据 R. 格朗伯格的画作，19 世纪

凡尔纳笔下的太空旅行者们，在去往月球的途中因为突发灾难被困在月球轨道上。他们在太空飞船里惊叹地望着月表的陨坑。在遥不可及的太空深处，可以看到一颗彗星、土星和多颗星球。

“太空：从月球看到的地球”
摘自《人类》

蚀刻版画——尼尔斯·利尔加（作者），1889 年版

这幅插图呈现了从月球看到的地球图景，精细而大气。前景是月球坑坑洼洼的陨坑，地球悬挂在繁星点缀的天幕上。可以清晰地看出非洲大陆的轮廓。

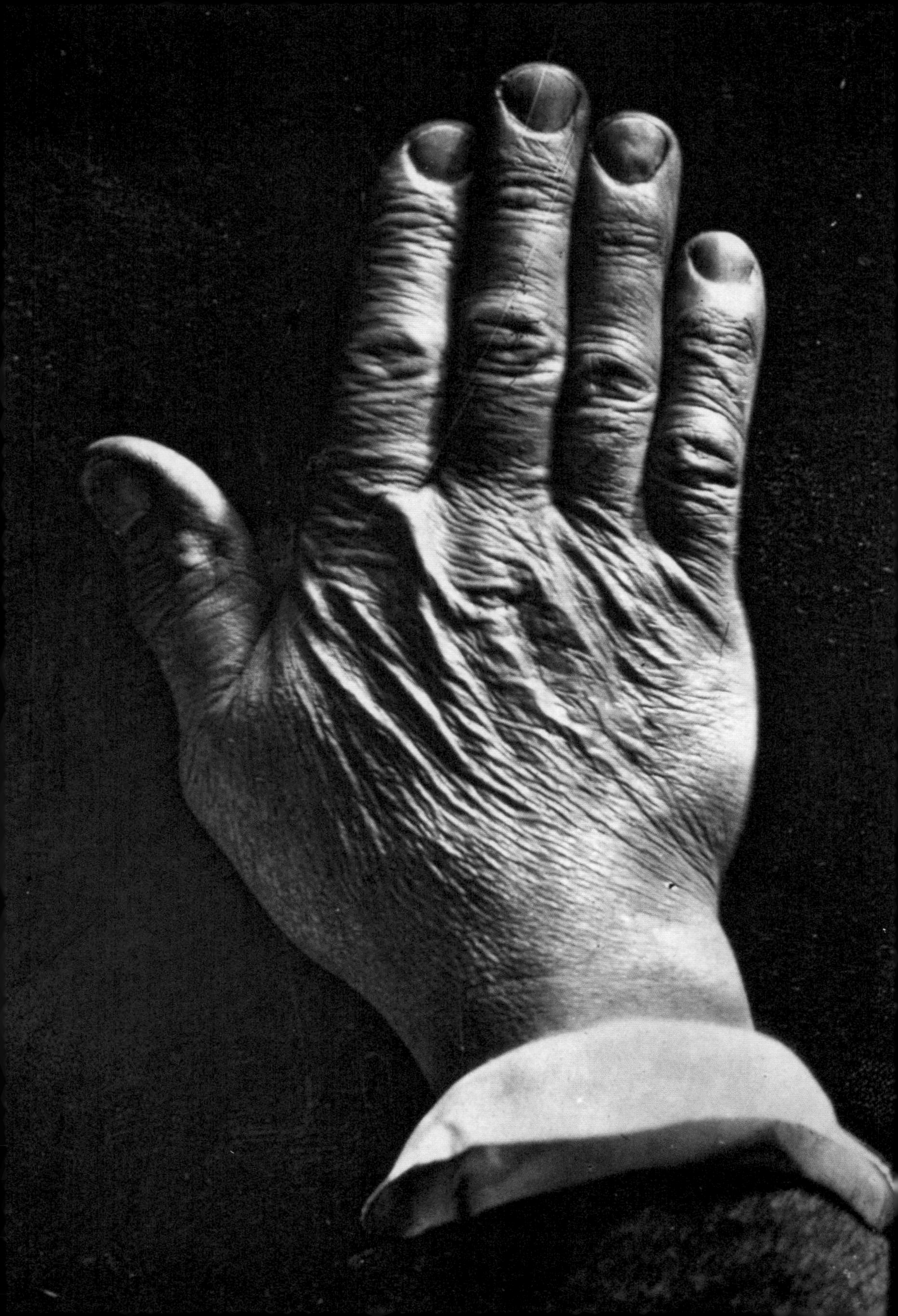

NASMYTH AND CARPENTER'S VISIONS OF THE MOON

内史密斯和卡朋特眼中的月球

1874 年，即儒勒·凡尔纳的科幻小说《环绕月球》（1865 年他大受欢迎的小说《从地球到月球》的续集）翻译成英文的一年之后，英国天文学家詹姆斯·卡朋特和苏格兰工程师詹姆斯·内史密斯合出了一本日后将成为月球经典著作的书籍。卡朋特多年供职于格林尼治皇家天文台，内史密斯在 48 岁退休后才将兴趣转向天文学。

他们这部著作《作为行星、世界和卫星的月球》的创作意图之一，是要以一种深入浅出的风格呈现人类对月球进行的重大探索以及月球的相关知识。同时，他们想为书籍配上插图，包括月表结构的真实图片和月球近地一面的全景图，此外还想呈现某些天象，比如想象中的从月球看到的日食。

正是这些照片的特质成就了这本格外新颖别致的书籍。实际上，只有一张插图是真实的月球照片，其余都是别出心裁的奇妙图片的合成，是对月球近看的模样、陨坑以及从地球可见的星爆图样的潜在原因的想象。两位作者都强调他们的月表图是基于长期细致的望远镜观测绘制的，但同时也声称绘成的图案并不够真实。他们提出“把图片转换成模型，忠实再现月球的光影效应”的想法。这些石膏模型由内史密斯以精湛的技艺制成，然后拍成照片，生成惊人的真实月球图景，这些图景虽然基于科学的观测，但仍然融合了部分想象。内史密斯的某些月球模型至今还留存在伦敦的科学博物馆。

这本书的插图具有无可争辩的内在美感，书中还包含其他与月球表面和质地形成有效视觉类比的图片。两位作者拍摄了一个人满是皱褶的手背和一个萎缩的苹果，说明“某些山脉的崛起由内部收缩造成”。在另一张图片中，我们看到一颗易碎的玻璃球，虽然已经破裂，但仍保持完整，用来阐释第谷陨坑周围辐条的可能渊源。

内史密斯和卡朋特对人类了解月球做出的贡献没有遭到忽视：他们在月表都有以各自名字命名的陨坑。

“手背……说明某些山脉的崛起由内部收缩造成，”摘自《作为行星、世界和卫星的月球》（左图）

石印——詹姆斯·卡朋特和詹姆斯·内史密斯，1874 年

在卡朋特和内史密斯这本倾注心血的书中，对月球的描绘用了新颖独特的插图加以呈现，比如运用手背（右图）和萎缩的苹果阐释山脉的起源。

“满月，展示第谷明亮的辐射纹”

《作为行星、世界和卫星的月球》第 19 幅插图

石印——詹姆斯·卡朋特和詹姆斯·内史密斯，1874 年

上图和右图：上图是内史密斯和卡朋特的书中唯一一张真实的月球照片，其余都是进行类比的图片，比如右页的球体和前页的手背。内史密斯还制作了精密复杂的模型还原真实的陨坑、山脉与其他地貌。

“内压造成玻璃球破裂，以此说明第谷明亮的辐射纹的成因”

《作为行星、世界和卫星的月球》第 20 幅插图

石印——詹姆斯 · 卡朋特和詹姆斯 · 内史密斯，1874 年

阿波罗 11 号的发射

照片——丹尼斯·哈里南，1969 年

这是一张简单却震撼的图片，有力地说明了火箭发射升空需要的动力。宇航员们经受特别的培训，为克服起飞阶段将会体验到的极限地心引力做准备。

火箭、月球、太空

合成图片——未知，约 20 世纪 50 年代

这幅图片将发射中的火箭、宇宙星空和明亮的月球拼接在一起，表达了 20 世纪五六十年代的主流情绪，人类的想象完全被太空和登月竞赛吸引。

LUNAR ROVERS: DRIVING ON THE MOON
月球车：在月球行驶

阿波罗计划的最后三次任务——阿波罗 15、16、17 号——都携载了史上造价最贵的车辆之一。一般被叫作月球车的月球漫游车是造价 3800 万美元（相当于现在两亿多美元）的电动车，在三次任务中均由两位宇航员驾驶在月表活动。

月球车仅仅造出了四辆，去往月球的三辆还滞留在那里。月球车拥有铝制外壳，质量相对轻盈，到达月球可以展开。作为在低引力环境中运行的电动车，它的时速最快约达 8 英里（约 13 千米）——与地球上缓慢骑行的速度相当。尽管如此，月球车还是大大扩展了宇航员在月表活动的范围。

阿波罗 15 号宇航员大卫 · 斯科特和詹姆斯 · 艾尔文驾驶月球车进行了三次总行程 16 英里（约 27 千米）的远征；第一次去往哈德利月溪（熔岩渠），然后沿着亚平宁山脉开出一段距离，最后去往附近的陨石坑。阿波罗 16 号的约翰 · 杨和查尔斯 · 杜克在笛卡尔高地附近开出类似的里程。阿波罗 17 号的尤金 · 塞尔南和哈里森 · 施密特驱车 19 英里（约 30 千米）穿过陶拉斯 - 利特罗山谷到达两个不同的山脉。这些车辆虽造价高昂却是无价之宝。即使从着陆的航天器往外开出一小段距离，也足够把成员们带到不同的地界，他们因此可以看到不同的地形风光，采集不同的岩石标本。就在一次这样的行程中，施密特发现了著名的“橙色月壤”，后来被证实与古代火山喷发相关。

月球车性能可靠，却并非坚不可摧。塞尔兰出发前不慎将阿波罗 17 号月球车车轮拱罩的一部分撞掉了。它可以防止行进中从月表飞扬起来的所谓“公鸡尾巴” 的羽状和弧形月尘撒到队员身上。在月球上，这种灰尘可能是真正的危险源，它们会加深航天服的颜色使衣服吸收更多的阳光，还有可能刮坏佩戴的面罩。塞尔南和施密特用胶带把那一小块拱罩粘上去，结果没过几个小时

詹姆斯 · 艾尔文和阿波罗 15 号月球漫游车（左图）

照片——大卫 · 斯科特，1971 年

月球漫游车首次在阿波罗 15 号任务中投入使用，使宇航员大卫 · 斯科特和詹姆斯 · 艾尔文到达比之前范围更远的地域。成员们需要执行探索哈德利 – 亚平宁地区和进行科学实验的任务。

阿波罗 16 号猎户座登月舱从月球着陆点起飞

电视传输照片——美国航天局，1972 年 4 月 22 日

月球车捕捉到阿波罗 16 号猎户座登月舱载着宇航员约翰·扬和查尔斯·杜克起飞的一幕，他们要返回指令舱与肯·马丁利会合，再继续返回地球的旅程。这是阿波罗计划倒数第二次登月任务。

月球着陆器的模拟着陆（右图）

多重曝光照片——美国航天局，1967 年 4 月 11 日

位于弗吉尼亚州汉普顿的美国宇航局兰利研究中心，用于进行阿波罗计划登月舱的测试，为宇航员提供模拟环境练习飞行技术。

又掉了下来。他们使用更多的胶带，并听取任务控制中心的建议，找到了一个更持久的解决方法。新处理方法是将压成薄片的地图捆起来替代丢失的轮罩，它在接下来的任务中都没掉下来，月球车又开了 15 个小时。

СССР

SOVIET
SPACE-RACE
PROPAGANDA

苏联的太空竞赛宣传

我们很容易忘记一个事实，即俄罗斯人在登月竞赛中的领先地位一直保持到20世纪60年代中期，他们在太空探索上取得了一系列重大的突破。第一颗人造卫星"史普尼克1号"在1957年由苏联发射进入轨道，美国尝试发射几次均以失败告终。苏联的月神3号探测器在1959年10月发回首批月球远端的图片。这些图片虽然模糊不清，但在冷战时期却具有重大的政治意义。

苏联设计的太空探索主题海报和其他宣传材料画面清晰、用色大胆，有意与从太空传回的迷人但却模糊不清的单色图片形成对比。宣传印刷品的潜能在当时被利用到了极致，甚至连电视和报纸上太空探索的相关报道都还只是黑白画面。

对月球的探寻和随之发展的科学构成了一个绝佳的叙事，可以轻易转换成这样的画面，我们从中看到太空竞赛被美化成代表进步、理想公民、国家理想的象征。太空竞赛为美国提供了相同的宣传机会，但值得注意的是，他们的图像集中在技术细节与科学上，而苏联的图像则更具符号性、象征性和意识形态性。这是政治挂帅下着意安排和传播的公共艺术和意象。

苏联海报刻画了体格健壮的宇航员，有时还与年长的工程师并肩而立，他们有着明确的焦点和目标：月球。登陆月球并可能殖民月球的计划可以完美地反映冷战时期苏联的实力、决心和政治影响力。在众多公共建筑上，至今仍可以看到面带笑容的强壮的宇航员（无论男女）形象，以及去往月球和恒星的宇宙火箭的多彩大胆的几何设计图案，通常出现在彩色玻璃窗户、壁画和镶嵌画上。

苏联的工人和工程师（左图）

苏联，约1957—1963年

海报

一张展示工人和工程师欣赏月亮的苏联海报，传达的是自豪感和意识形态。红色的五角星是共产主义的标志，它滑过的蓝色拱形轨道是太空时代苏联宣传常用的图案：第97页的海报上也有一颗相似的"流星"设计。

摩擦号月球火箭

玩具包装——美国，日本制造，1950 年

上图和右图：这两款为玩具航天器设计的包装是现实和幻想融合的产物。艺术家们尽管极力描摹仿真的技术，却仍然发挥了自己的创意，即让火箭从光滑的月表发射，让宇航员持枪进行太空行走。

太空舱

玩具包装——美国，日本制造，1960 年

“荣耀属于首位宇航员尤里·加加林！”（本页左图）

海报——瓦伦丁·彼得罗维奇·维克托夫，1961 年

尤里·加加林是太空飞行第一人，充当了苏联太空计划的门面。他死于 1968 年，恰逢美国太空计划开始实现赶超，苏联彻底失去了赢得太空竞赛的机会。

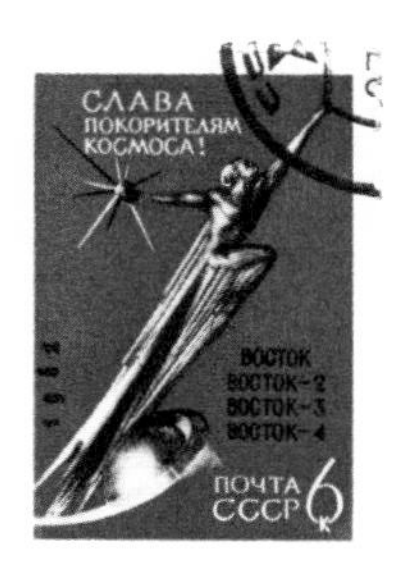

纪念苏联太空事业的邮票集锦（本页和对页右图）

各种邮票，1961—1986 年

这里的邮票集锦征用了苏联太空计划的流行图标——宇航员尤里·加加林和瓦伦蒂娜·特列什科娃、月神号和东方号航天器——以及类似红星、锤子和镰刀标志的共产主义符号。

LA PREMIERE FEMME DANS LE COSMOS

NUMERO SPECIAL 18 JUIN 1963

Les Nouvelles de MOSCOU

HEBDOMADAIRE, RUE GORKI 16/2, MOSCOU

Prix : 3 kopecks.

La cosmonaute-VI Valentina TERECHKOVA

“太空飞行的首位女性”（左图）

报纸——《莫斯科新闻》，1963 年 6 月 18 日

瓦伦蒂娜·特列什科娃是实现太空飞行的第一位女性，至今仍然是单独执行太空任务的唯一一位女性。她从 400 位申请人中脱颖而出，被选为宇航员。

机械太空人

玩具包装——美国，日本制造，1950 年

现实中，阿波罗计划的所有宇航员“为全人类的和平而来”；但玩具太空人会全副武装起来，以防万一。

SERGEI
KOROLEV

谢尔盖·科罗廖夫

20 世纪五六十年代，美国的太空计划主要是在公众视野下发展起来的。像沃纳·冯·布劳恩这样有争议的参与者为报纸和广播媒体提供了报道的素材，美国航天局在太空竞赛中的成功和失败均有完备的记录。在苏联，情况则完全不同。因为媒体受到审查，只有成功的任务才会曝光，因此一段时间里给人留下了苏联远远领先美国的印象。领导苏联太空计划早年取得胜利的总设计师和天才工程师，是不为西方和苏联人民知晓的谢尔盖·科罗廖夫。

科罗廖夫，1906 年生于乌克兰，在基辅工学院学习航天工程，后来进入莫斯科大学，在 1931 年成立了反作用运动研究小组。30 年代末，科罗廖夫成为斯大林"大清洗"运动的受害者，数十万人在"大清洗"中遭到颠覆罪的指控被处决和监禁。他在反作用运动研究小组的同事瓦伦丁·格鲁什科在 1938 年被捕，并为了减轻自己的刑罚告发了科罗廖夫。

科罗廖夫被判监禁 10 年，在苏联远东地区因条件恶劣而臭名昭著的科雷玛金矿待了几个月。后在内务人民委员会——负责执行斯大林时代最严酷的镇压的苏联内务部——首脑的干预下，科罗廖夫回到莫斯科重新接受审判。他的刑期改为 8 年，在专门关押知识分子的监狱服刑，"二战"期间研发军用飞机的火箭发动机。战后他转而研究弹道导弹，以及之后用来携载新研发的核弹头的大型洲际弹道导弹。

科罗廖夫的团队建造了世界上首枚洲际弹道导弹 R-7 火箭。导弹于 1957 年夏发射。同年 10 月 4 日，科罗廖夫运用同样的火箭将"史普尼克 1 号"送入轨道，开启太空时代。首枚人造卫星的发射令美国科学家和广大美国民众大感震惊。"史普尼克 1 号"的无线电信号连续三周传送单一的嘟嘟声，让人感觉苏联在太空技术上整体处于领先地位。11 月，同样的火箭将一只名叫"莱卡"的流浪狗送入太空，4 年后，尤里·加加林成为绕地球飞行的第一人。

离开拜科努尔 1 号发射台的东方号（左图）

照片——苏联，1961 年 4 月 12 日

科罗廖夫的东方号航天飞船载着苏联宇航员尤里·加加林发射升空去往地球轨道。这是人类首次太空之旅。

科罗廖夫挺过了苏联最糟糕的年代，在他的隐秘工作中，他领导的太空计划将首批探测器送上了月球。他的雄心是要将宇航员也送上月球。不过，他不会活着看到苏联输掉太空竞赛的结局：1965 年他被诊断出结肠癌，并在次年 1 月的手术中逝世。

直到他死后苏联才公开他的身份。《真理报》刊出讣告，科罗廖夫荣誉加身，葬于红场克里姆林宫的宫墙内，月球背面的一个大型陨坑以他的名字命名。

苏联首颗太空卫星史普尼克 1 号

照片——瓦伦丁·车里丁塞夫，1967 年

1957 年 10 月，史普尼克 1 号成为首颗送入太空的人造卫星。这一壮举标志苏联太空事业取得巨大的成功，被认为是触发太空竞赛的导火索。它的使命之一是测试发送人造卫星进入地球轨道的方法。

《整体》 （98-99 页）

装置艺术照片——凯蒂·帕特森，2015 年

帕特森的镜球反射 10000 多张日食图片。它们几乎囊括了记录下来的每次日食和月食，有些图画可以追溯到几百年前。这件装置作品探索了月球的奇观和人类对它的长久迷恋。

“向铺平去往宇宙之路的苏联人民致敬”

彩色石印——瓦蒂姆·沃洛科夫，1959 年

在太空竞赛初期，苏联人似乎处于领先地位。经过审查的媒体一律庆贺太空事业取得的成功，不报道任何挫折。在 1959 年的这张海报中，一颗比例放大的月球赫然悬浮在莫斯科克里姆林宫的斯帕斯卡亚塔上方。

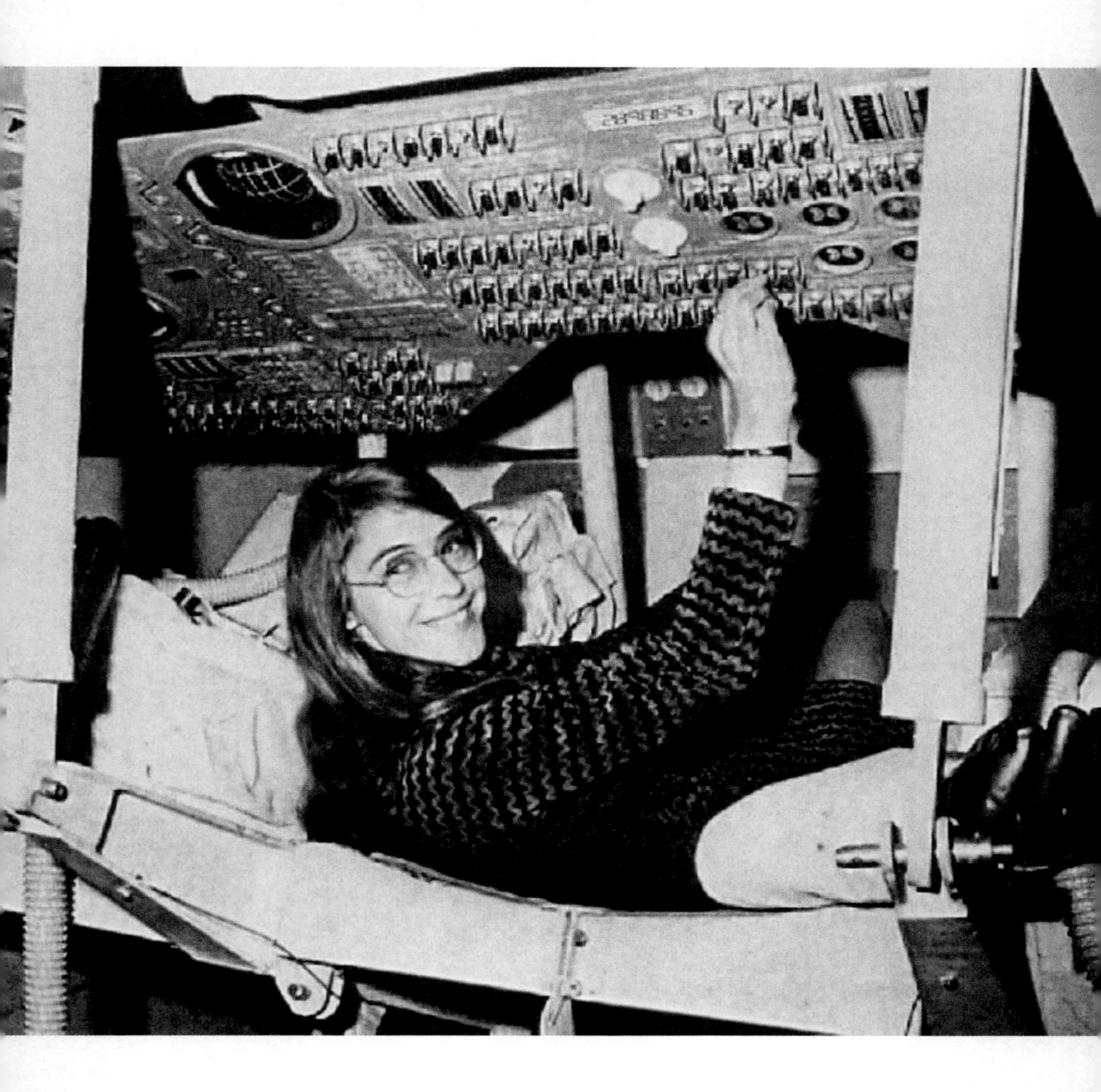

为阿波罗计划工作的玛格丽特·汉密尔顿

照片——美国航天局/麻省理工学院博物馆，约 1967 年

多亏玛格丽特·汉密尔顿的代码，尼尔·阿姆斯特朗和巴兹·奥尔德林才能在 1969 年成功登月。她被认为是软件工程领域的先驱，就连这门科学的名称也是由她所创。

MARGARET
HAMILTON

玛格丽特·汉密尔顿

软件工程师玛格丽特·汉密尔顿在阿波罗计划中扮演着至关重要的角色，却未被称颂过。她1936年出生于印第安纳州，学习数学专业，24岁进入麻省理工学院，成为一位在计算机科学这一新兴领域工作的软件开发人员。

汉密尔顿最初把这个职位视作供丈夫攻读法学的手段，但一年后，麻省理工学院被要求为阿波罗计划的导航系统编写软件（当时鲜少用到的术语）程序。她抓住这次机会，成为麻省理工学院仪器实验室软件工程部的领军人物，编写了阿波罗计划飞往月球、登陆月球以及从月球返回全过程用到的代码。

在20世纪60年代，汉密尔顿是一位职场妈妈，更是一位极为稀有的计算机女程序员，这一职业在当时几乎还未出现。即使在当今，美国计算从业人员中女性的比例还不足四分之一，学习计算机科学的人数比例也从20世纪80年代的三分之一下降到如今的不足五分之一。美国航天局效仿科技领域的其他众多雇主，加大力度招聘女性员工，未来的宇航员中将近一半都是女性。尤其是英语世界的科技行业面临招聘危机，如英美两国的物理学毕业生中女性只占五分之一。扩大申请人的基数势在必行。

尽管遭遇了种种阻碍，汉密尔顿在采访中却描述了她和同事们之间的友情以及他们所从事的开拓性工作带来的十足的刺激和令人上瘾的魅力。她的团队做出的一个关键创新是异步处理，可以让阿波罗任务的计算机按照轻重缓急分配不同的功能，系统得以处理多个指令。1969年7月，阿波罗11号即将在月表着陆的关口，编号1201和1202的两个警报突然响起。任务控制中心必须做出是否着陆的决定。工程师们很快意识到汉密尔顿的异步代码起了作用：电脑只专注于紧迫的任务，直接忽略了不急于处理的工作。系统一旦超负荷运转，就会清空重启，阿波罗任务的成员最终得以将登月舱安全降落到静海上。

20世纪70年代，汉密尔顿离开美国航天局进入民营领域，成立了两家公司。2016年，她获得美国总统巴拉克·奥巴马颁发的总统自由勋章。同年，乐高推出“美国航天局杰出女性”系列，特意向女性在登月任务中扮演的角色表示迟来的认可，其中就有汉密尔顿，她的代码已上传到供现代开发人员分享成果的GitHub网上平台。

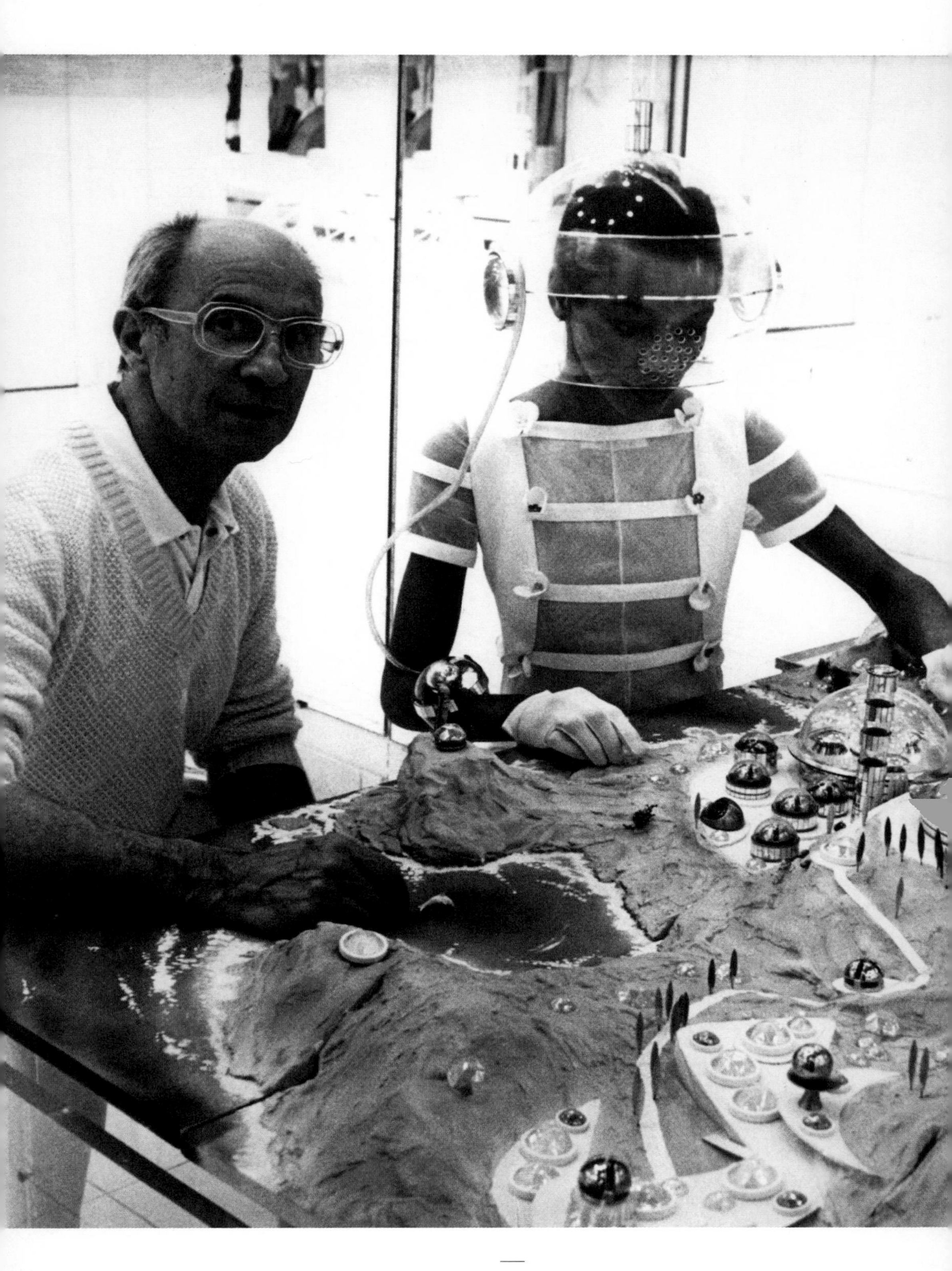

FASHION IN THE SPACE AGE
太空时代的时尚

太空竞赛的时代不仅在政治和科学上精彩纷呈，对时尚和流行文化也产生了巨大的影响。美苏两国忙着探索新的世界，时装设计师和流行歌星们也不甘落后。

20 世纪 60 年代的时尚受到太空旅行美学的启发，并紧随它发展的脚步。太空时代的时装充满趣味、玩世不恭，带有明显建筑风格，且以单色为主。它还利用了其他流行元素，比如新出现的迷你裙、连衣裤和整体轮廓的流线型设计。黑白色调、利落的剪裁和未来主义的设计开启了时装领域一个崭新的实验时代。

法国女装设计师安德烈 · 库雷热是“太空时代”无可争议的时尚之王。从 20 世纪 60 年代初开始，他如雕塑般优雅的设计彻底改变了时装界，他那纯白闪亮的设计往往与太空火箭并无二致。他标志性的“月球靴”仅仅是他如何重塑阿波罗计划的太空服和太空旅行美学的一个典范。其他设计师更为写实，创造出类似月表、天体星座或者月球和太空其他天体形状的纺织图案，比如英国的女帽设计师爱德华 · 曼恩设计出头盔样式的“太空舱帽”，上面印有简化的月球轮廓图案。1965 年太空竞赛达到高潮时，甚至推出了太空主题的芭比娃娃(参见 16 页)。一头铂金色短发的芭比娃娃，留着俏丽的刘海，光滑的银白色航天服显然没有真实的航天服那么臃肿不堪。

摇滚流行音乐界欣然接受太空时尚。大卫 · 鲍威在他 1969 年的专辑和同名主打歌曲《太空怪人》中，成功塑造出汤姆上校这一虚拟的宇航员的角色，并在20世纪70年代初创造出名叫齐格·星尘的第二自我。鲍威自己装扮表演太空旅行者的角色，经常穿着前锐设计师设计的奇装异服。在视觉和音乐的娱乐价值之外，鲍威的作品还潜藏着疏远感和孤立感，与冷战时期的期待未来与恐惧毁灭的典型矛盾互为补充。

安德烈·库雷热和模特（左图）

照片——美国凯斯通图片，1982 年 1 月 19 日

法国时装设计师安德烈 · 库雷热利用塑料这样的现代材料做实验，制造出灵感来自太空时代的剪裁精良的未来主义服装。他的服装配饰往往直接改良宇航服的设计，譬如球形头盔和靴子。

《艺术 – 品味 – 优雅》时装插画

彩色丝印——未知，1923 年

法国时装杂志《艺术 – 品味 – 优雅》的这幅插画上，独具风格的星空和淡蓝色圆月与优雅的晚礼服相得益彰。这种光鲜亮丽的时装是装饰艺术时期的典型样式。

1962年在美国华盛顿州西雅图市举行的世界博览会上的时装秀

照片——世界历史档案馆，约1962年

1962年，在西雅图举办的世界博览会的庆祝主题是“在太空时代生活”。登月竞赛深深影响着当时的时尚，此处的舞台设计也许比服装更能体现这一点。

СССР

宇航员尤里·加加林（左图）

照片——未知，1961 年

尤里·加加林戴着太空头盔微笑的图片出现在苏联宣传的各个场合，至今仍是大众熟悉的画面。他成为太空遨游第一人，7 年后在一次训练飞行中不幸坠机身亡。1 年后，尼尔·阿姆斯特朗成为登月第一人。

安德烈·库雷热的冬季系列，1969-1970 年

照片——曼纽尔·利特兰，1969 年 7 月 28 日

安德烈·库雷热的“小白裙”和短裙边是他 20 世纪 60 年代作品的典型特征。60 年代末发布的冬装系列将这种美学运用到了针织品上。服装的配饰包括惯用的白手套、靴子、护目镜和搭扣像月球的银色腰带。

那不勒斯 E. & A. Mele & Ci. 百货公司广告
“男士新风尚”

彩色石印——弗朗兹·拉斯科夫，1900 年

Blue Moon 公司广告：
“美国最漂亮的长筒丝袜”（右图）

彩色石印——未知艺术家，1925 年

上图和右图：在整个 20 世纪初期，月亮是流行文化青睐的图案，为各种各样的广告增添了性感和时尚的元素。

BLUE MOON
AMERICA'S MOST BEAUTIFUL
FULL FASHIONED
SILK STOCKINGS

Souvenir de Lausanne.

PAPER MOONS
纸月亮

月亮是具有重大象征意义和物理存在意义的天体，我们有时会忘记可以不必总是以严肃的态度对待地球的这颗卫星。不过，月亮主题的早期虚构文学却具有浓厚的幽默元素。乔治·梅里爱1902年的《月球旅行记》将首次月球之旅搬上荧幕，是一部设计了不少闹剧情节的讽刺作品（参见70-71页）。

20世纪初绝对是对月球兴趣高涨的时代，流行文化对此有充分的体现。月亮成为众多童话和民间故事书插图的重要图案，通常和胖乎乎的婴儿、天使般的小孩或者猫咪印在一起，这些拙劣庸俗的图画成为极受欢迎的圣诞节和情人节卡片图案。那也是廉价明信片盛行的时代，你可以从旅行的地方把明信片寄给朋友。著名场所和景点的众多明信片画面也都是月色图，且月亮往往是后期加到照片上的。

一种特别的明信片在美国流行起来。集市、狂欢节和其他公共节庆会设立临时的“纸月亮”摊位，供人们在一轮常用硬纸板或胶合板制成的巨大月亮上摆姿势拍照。纸月亮多数是弯月的形状，便于人们或坐或倚。背景通常全黑，或者是星空。一些更为讲究的小摊会加上天体或云朵，少数甚至会在背景中设计宇宙飞船，让人联想到梅里爱影片中戏剧化的布景。这些月亮摊位拍摄的照片跟在照相馆拍出的人像的风格截然不同。照片上大多是一起外出游玩的恩爱情侣、朋友或家人。它们都体现出了轻松休闲的风格，且都蕴含趣味。

纸月亮的图片样式最后大行其道，广泛应用于广告中。一些模特摆出更优雅的姿势，在专业摄影棚中被拍摄成一系列新的明信片。其中很多作为贺卡销售，往往都带有色情性质。

纸月亮摊位继续成为流行的娱乐形式，月亮作为图案数十年盛行不衰。1933年，百老汇歌曲《那只是个纸月亮》问世，几年后被艾拉·菲兹杰拉和纳京高传唱流行。这首歌出现在彼得·博格丹诺维奇1973年的影片《纸月亮》中，该片是以大萧条时期为背景的喜剧剧情片。电影宣传海报呈现的是瑞安·奥尼尔和塔图姆·奥尼尔饰演的两位主角坐在蓝色天幕的一弯白色纸月亮上的情景。

洛桑纪念品（左图）

明信片——瑞士，1935年

这张瑞士的明信片是风景如画的洛桑城，但是主题却是一个快乐的度假者，在拴到月牙上的钢丝上骑自行车。20世纪初，月亮成为流行图案，给著名的旅游景点注入趣味感和奇幻感。

法国纸月亮明信片

明信片——鲁林格工作室，20 世纪纪初

月亮明信片大为流行，像巴黎鲁林格这样的专业工作室纷纷开始制作。月亮在摆拍摄影中一般用来制造奇幻的元素。

《亲吻》

银盐感光照片——赫伯特·拜尔，1935 年

鲍豪斯勒·赫伯特·拜尔经常运用合成技术进行摄影实验。此处，月色下的一条河流为两个相互拥抱的恋人的破碎图片提供了背景，暗示这是一场幽会。

1928 年版保罗 · 魏尔伦

《华宴集》的“在暗中”插图

彩色丝印——乔治 · 巴比尔，1920 年

在浪漫场景中，满月通常被用来创造氛围。法国著名插画家乔治 · 巴比尔的这幅插图中，月亮为画面增添了私密气氛，同时被隐僻的森林场景加强。

《月弓》

木版彩印

歌川广重，19 世纪

在歌川广重的日本传统木版画中，一钩新月低垂在拂晓时分的天幕上，夹在“挤挨着的山峦”间。画上的题诗描绘了从森林和急流上飞掠而过的微弱的月光。

“热带佛罗里达州月光下的皇家棕榈大道”

明信片——未知，约 1950 年

迈阿密海滩标志性的棕榈大道在月光下看起来丝毫不逊于它在阳光下的景象。月亮吸引着人的目光，而艺术家的透视手法又使它进一步融入画面。

摘自《一千零一夜》（右图）

布面油画——苏亚德 · 阿尔 – 阿塔尔，1984 年

另一个夺人眼球的月亮：伊拉克艺术家苏亚德 · 阿尔 – 阿塔尔描绘了一个葱茏迷人的森林景象。作品的灵感来自中东艺术，这幅梦幻的画作以阿拉伯著名的民间故事的名字命名。

SUAD AL-ATTAR

威尼斯狂欢节上的情侣

着色照片——未知，约1924年

一对情侣在月光下亲吻，黄色的月光反射在他们的节日服饰上。威尼斯狂欢节是集化装舞会、游行、街头表演于一体的大型庆祝活动，在四旬斋到来前开始。

热带豪华度假胜地的情侣

丝网印刷——未知，1947 年

这幅情侣在豪华度假胜地夜宴的场景与 20 世纪初的摄影旅游明信片大不相同，后者的月亮传达轻松的趣味；前者则体现了高雅的礼节。

《月球行走》

丝网印刷——安迪 · 沃霍尔，1987 年

著名的通俗艺术家安迪 · 沃霍尔给阿波罗 11 号任务的巴兹 · 奥尔德林的标志图片赋予了新的用途。美国航天局的这张图片在世界范围内广泛传播，至今在众人的想象中鲜活如初，这对热衷于探索媒体和名流进行创作的沃霍尔而言是再合适不过的主题。

第 19 期《大酒店》的封面

“月亮和萤火虫”

水彩插图——沃尔特 · 莫里诺，1964 年

这份意大利女性周刊的杂志封面向读者传达了浪漫。封面刊物名字下面是两个乡村情人的月下幽会图。

LA NUIT du
LOUP-GAROU
(The Curse of the Werewolf)
avec CLIFFORD EVANS · OLIVER REE
YVONNE ROMAIN · CATHERINE FELL
Scénario de JOHN ELDER · Réalisation de TERENCE FISH
Produit par ANTHONY HINDS · Producteur exécutif MICHAEL CARRER
Universal International
EN COULEURS · INTERDIT AUX MOINS DE 13 AN
UNE PRODUCTION HAMMER FILM DISTRIBUÉE PAR UNIVERSAL INTERNATIONAL

THE WEREWOLF
狼人

人类对黑暗的恐惧是一种原始的反应和应急对策，因为可能伤害我们的众多事物，诸如蜘蛛、蛇和其他野生动物，都在夜间活动。除了现实中的危险，人类也拥有漫长而丰富的历史，想象虚构的生物在暗夜游荡，譬如鬼魂和吸血鬼。其中一个跟月亮联系格外紧密的流行神怪是狼人：一种半人（通常是男性）半狼的杂交生物。

狼人传说的起源未知，极有可能追溯到欧洲早期文化：希腊罗马古典时期的“兽化人”或者早期日耳曼文化中狼图腾的战士。奥维德的《变形记》是提到狼人的最早的文献之一，书中吕卡翁和他的孩子们因为用一个孩子的肉款待天神宙斯，遭到变成狼身的惩罚。在其他场合，一旦披上受到诅咒的动物的兽皮也会触发狼人的诅咒。

自中世纪伊始，狼人的民间传说伴随着对巫术日益高涨的宗教狂热，得到了显著发展。也是在这个时期，满月之光可以触发诅咒的说法逐渐盛行起来，也许是因为人们认为满月会导致精神紊乱和可怕的非自然事件的发生。14—17 世纪，有关狼人的多数文献围绕的都是那些被指控犯下残忍罪行的凶手。如今，我们可以在精神健康问题和狂犬病方面看到此类事件的其他解释，但是这些在当时并不能被理解，在盛行的迷信煽动下只会引发人们的恐惧。

狼人传说在 19 世纪的哥特文学中大行其道，并在 20 世纪的恐怖电影中焕发新生，不断改进的特效技术为我们提供了壮观的变形场景。狼人的历史在 20 世纪 80 年代初达到一个特殊的高潮，1981 年的电影《美国狼人在伦敦》制造出残忍的变形场面，迈克尔·杰克逊在他 1982 年的《颤栗者》音乐短片中变身为一匹长着黄色眼睛的狼。在危险的野生动物虽没有完全消失却变得极为罕见的时代和地方，狼人的传说流行不衰，说明我们对恐惧的渴望——以及对人类受诅咒变成野兽的故事的恒久痴迷。

《狼人的诅咒》海报（左图）

彩色石印——盖伊·杰拉德·诺埃尔，1961 年

《狼人的诅咒》，1961 年由汉默电影公司出品，该公司在 20 世纪六七十年代因恐怖电影红极一时。演员奥利弗·里德在片中饰演狼人，注定在月圆之夜变身并犯下凶残的谋杀恶行。爱情是破除诅咒的唯一途径。该片再次利用了恐怖电影中善恶对立的经典主题。

《夜之芭蕾》的狼人演出服（左图）

让－巴普提斯特·卢利设计

纸本水彩——法国，约1653年

《夜之芭蕾》的上演是为致敬自称“太阳王”的法国路易十四，表演时长长达12小时，令人叹为观止．其中出现了神话中的男女神祇，诸如月神狄安娜、太阳神阿波罗（国王亲自扮演）。其他角色包括月神爱上的凡人牧羊人恩底弥翁和一个狼人，后者别出心裁的演出服在这里有图示。

《沉睡的吉普赛人》

布面油画——亨利·卢梭，1897年

暗夜的野兽化身为一只狮子，循着沉睡的曼陀林乐手的气味一路走来。卢梭在描述这幅画时，留意到狮子并没有攻击这个女人，他认为是月光创造了一种诗意氛围的功劳。

《美国狼人在伦敦》的电影海报（上图）**和剧照**（右图）

彩印海报 / 电影剧照——环球影业，1981 年

狼人是野蛮和暴力的象征，受圆月诅咒的召唤。兰蒂斯 1981 年导演的这部影片是 20 世纪狼人系列电影中的一个值得注意的版本，此后成为这一主题的经典影片。

LUNACY
精神病

关于月亮的众多谬论中，有一个观点认为它会影响精神健康。“lunacy”或“lunatic”（意为精神病）的叫法将 luna——月亮——跟精神疾病直接联系在一起，表明地球的这颗卫星要为愚蠢和认定的各种疯癫或疯狂的症状负责。月相，尤其是满月，会引发包括癫痫、神经衰弱在内的古怪行径和间歇发作的健康问题，这种认知至少可以追溯到古希腊罗马时代。人们知道月亮会对水体造成影响，进而认为月亮会让脑袋吸进湿气，导致心态发生变化。

后来，人们相信良好的身体和精神健康要依托身体的四种体液（血液、黏液、黑胆汁和黄胆汁）的平衡，因此月亮的阴晴圆缺便被认为可以改变这些体液的构成，导致反常或者间歇性的疯狂行为的发生。满月与狼人传说之间建立的联系（它本身可能就是对精神紊乱的原始解释），从中世纪一直到 19 世纪，也没有发生多大的转变，英国 1842 年的《精神错乱条例》仍然认定月相和人的精神健康存在直接的联系。精神病院被称为“疯人院”（lunatic asylums），比如伦敦的贝特莱姆皇家医院，它于 1407 年首次接纳精神病人。这些机构在整个 18 世纪和 19 世纪越来越受欢迎，哪怕它们对病人的治疗往往很不人道。在某些月相期间，病人有时会遭到毒打，防止月亮引发他们的暴力行径。

其中一家机构的病人在死后名声大噪，这位病人就是画家文森特·凡·高，他在经历了一次精神崩溃后，于 1889 年 5 月自愿入住法国的圣雷米精神病院。这家疗养院的条件比多数机构好得多，凡·高在那里可以作画。尽管他的健康每况愈下，却创作出了最为人所知和喜爱的一幅画作《星月夜》，画上一轮渐亏的黄色月牙凸显在旋转的墨蓝色夜空中。

《星月夜》（左图）

布面油画——文森特·凡·高，1889 年

凡·高著名的星夜画作是他在圣雷米精神病院期间创作的。画作表现了“启明星”金星和弯弯的金色新月。艺术家在给他弟弟的一封信中，描述了他如何发现黑夜“比白昼更加多姿多彩和富有生机”。

“月亮对女性心灵的影响”

木版彩印画——法国，17 世纪

月亮可以影响心灵的错误观念持续了漫长的时间。此处月亮具体作用于女性心灵。女性的月经周期往往和月相联系起来，在这幅插图中，月相俯射的新月一一降临到一众女性的头顶。

《月光下跳舞的精灵》

布面油画——弗朗西斯·海曼，约1740年

艺术家弗朗西斯·海曼具有戏剧创作的背景，包括戏剧布景和莎士比亚戏剧的书籍插图。舞台的影响在此处的构图和主题中体现出来。精灵们通常被刻画成在月光笼罩的林地狂欢的形象，他们跳着舞，弹奏着乐器。

Arthur Rackham

《林中的月光精灵》（左图）

纸本笔墨、水彩、水粉画——亚瑟·拉克汉姆，20 世纪

英国知名的书籍插画家亚瑟·拉克汉姆，以儿童幻想文学创作著称。在这片与世隔绝的林子里，一轮满月低挂在空中照亮了一块空地，上面坐着两个精灵，其中一个在吹奏乐器。

《死魂灵》

布面油画——彼得·尼科莱·阿尔博，1866 年

阿尔博是深受挪威神话启发的挪威画家。他在这里描绘了野外狩猎的场面，夜空中奔涌着死去的魂灵。狩猎的场景被视为不祥的预兆。

《巴纳德城堡附近的蒂斯河上》（左图）

纸本水粉水彩画——约翰·阿特金森·格里姆肖，约1866年

约翰·阿特金森·格里姆肖是维多利亚时代的画家，当时众多艺术家寻求描绘氛围——月亮常在这些作品中作为伤感或预兆的符号存在。格里姆肖的月色图受人赞赏，他对光的把控在这幅神秘的风景画中体现得淋漓尽致。

《月光，伍德岛之光》

布面油画——温斯洛·霍默，1894年

大约与格里姆肖同时代的美国艺术家霍默，以壮阔的海景图闻名于世，画作展现的主题是海洋自身的力量。在上面这幅画中，月亮虽然被朦胧的云层掩盖，却精美地照亮了前景的礁石和处于定格中的掀起的卷曲波浪。

SUPERMOONS

超级月亮

天文学上鲜少存在对称的事物。像地球这样的行星和月球这样的卫星都不是完美的球体。它们运行的轨道也是略有拉伸的圆形或椭圆形。这些轨道发生倾斜，再次偏离完美；所有因素综合作用，使行星和卫星在空中呈现的外观和位置永远处于变化中。

约翰尼斯 · 开普勒在 400 多年前首次对这种现象加以描述——奇怪的是，相比它们以圆形轨道运行的状况，此种情形下更易预测太阳、月亮和行星在某个给定时间所处的位置。相同的算法可以让天文学家计算出不断变化的地月距离。

每个（阴历）月，月亮完成绕地球的椭圆轨道一周，外观从隐身不见的新月变成圆盘似的明亮满月，然后再回到新月。在一年的不同时节里，月亮会在一个月的不同时间点在空中显得忽高忽低，而椭圆形的轨道意味着地月距离可以相差 31000 英里（约 50000 千米）。

距离地球最近的那个点叫近地点，最近可达到 221500 英里（约 356000 千米）稍微出头的距离。当近地点正好赶上满月，就会出现一轮显得更大更亮的圆月，有时被称为“超级月亮”。这个说法言过其实，位于近地点的月亮只比处于远地点（月亮离地球最远）时大出 14%，但是有经验的观测者的确注意到了大小的显著变化。亮度的增强是更为微弱的改变，人眼对光线强度的改变具有极佳的适应能力（只需想想我们如何适应从日光到晚上房间的柔和光线的转变）。另一个唯一的实质影响是海洋潮汐范围的略微扩大，这是月亮靠近地球施加更强的引力所致。

相比之下，所谓的“月亮错觉”是较为明显的效应。当月球位于低处的地平线时，看上去比悬在高空时大得多。这种现象是显而易见的，但是对它的解释却仍然奇怪地存在争议。希腊哲学家亚里士多德早在公元前 4 世纪就描述了这一错觉，认为地球的大气在某种程度上充当了透镜将月亮放大。更为近代的理论之一是“大小常性”，认为月亮位于低处的地平线上时，我们感觉它离得更远，因而假定它更大；但是另一种理论主张月亮处于相同的位置时，我们会感觉它离得更近。不管怎样，一张拍摄的照片就能显示无论月亮挂在天空多高的位置，它的大小都保持不变。

清晨 6 点 48 分的月落（左图）

照片——安德里亚 · 雷曼，2017 年

摄影师可以利用放大远处物体的长焦镜头放大“月亮错觉”（月亮离地平线越近，在空中显得越大）的效果。这就是所谓的“长焦压缩效应”，如果善加运用，可以创造硕大得恍似不真实的月亮图片。

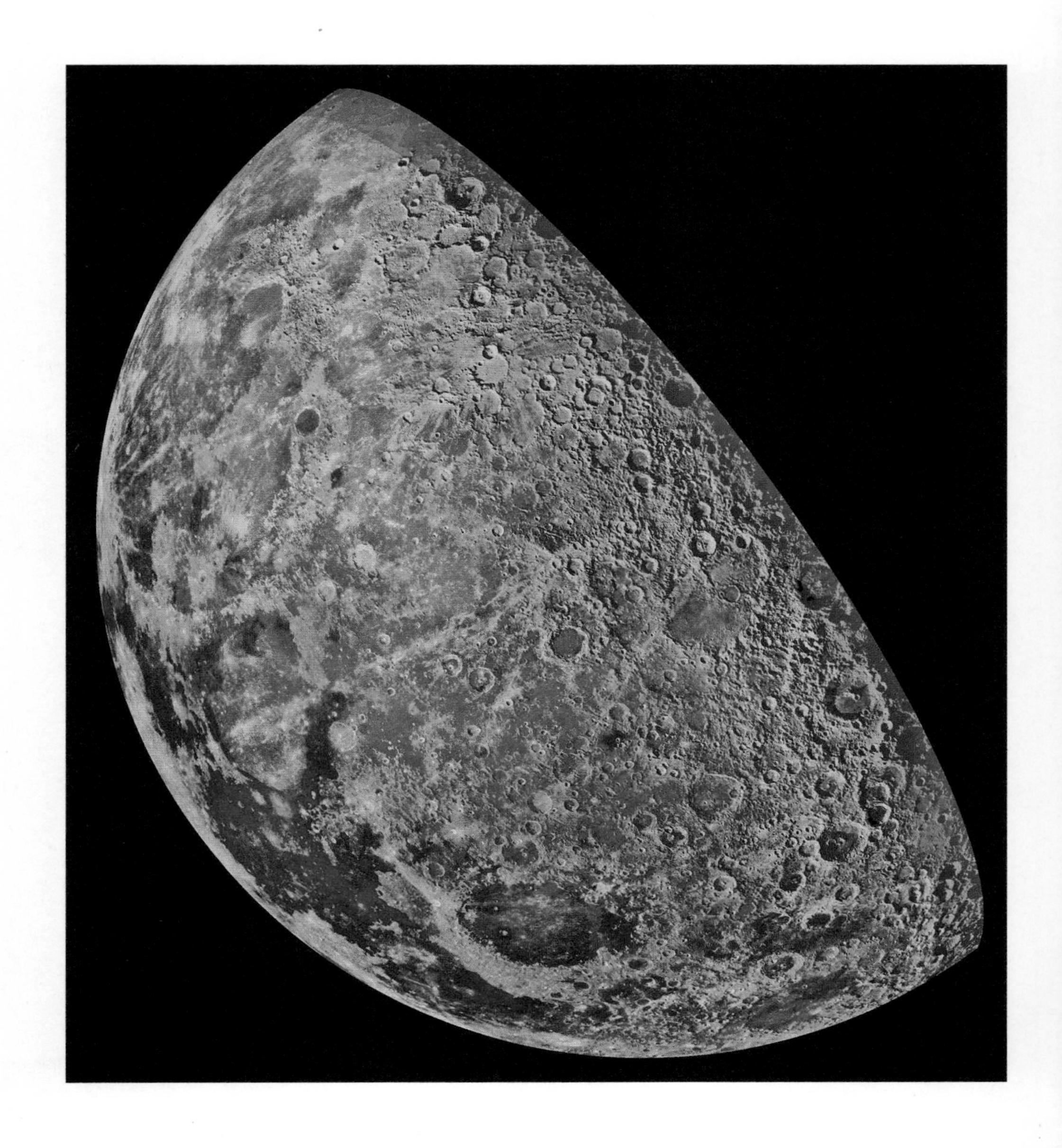

月球北半球的地质变化

53 幅图片透过三个光谱滤波器形成的伪色镶嵌画

美国航天局伽利略航天器，1992—1996 年

这幅伪色镶嵌画显示了月球的北半球。左下部分的深蓝区域是宁静海（阿波罗 11 号的老鹰号登月舱着陆的地点），粉色区域代表高地，色调最亮的蓝色地带表示最近受到撞击的区域。

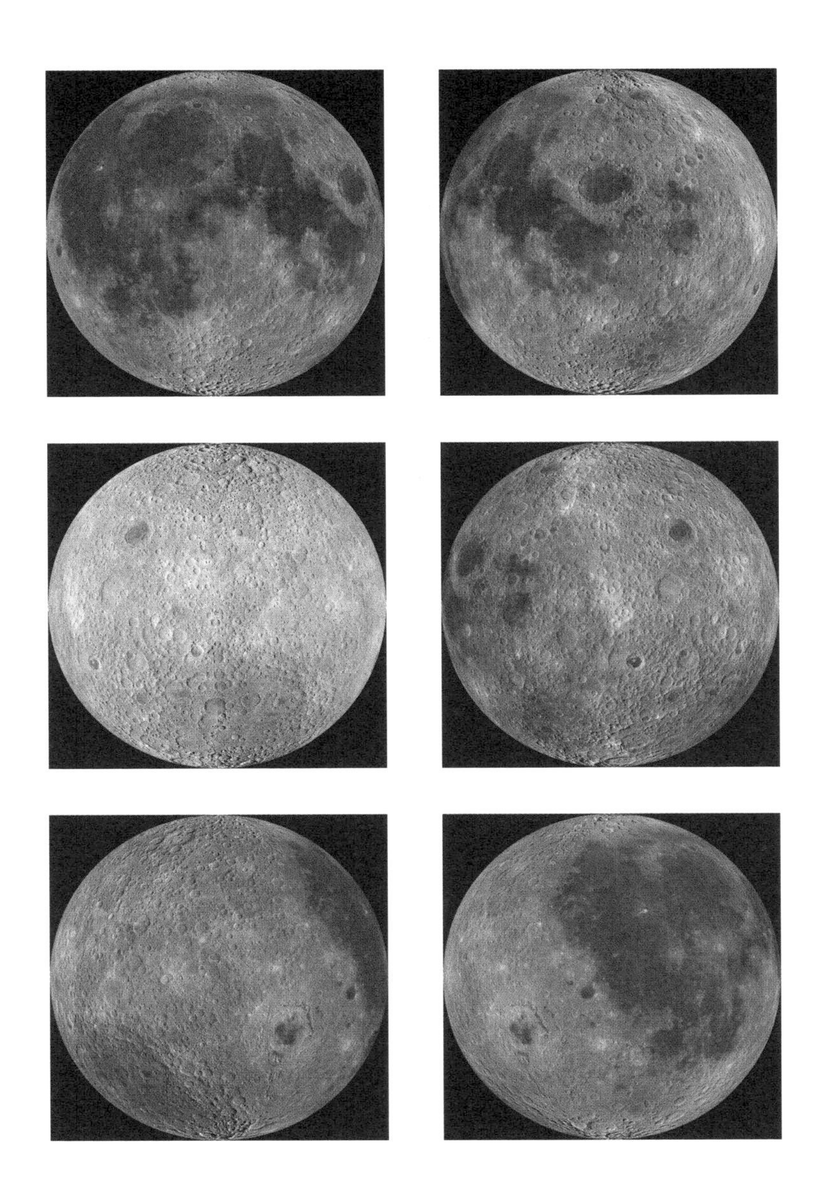

月球的背面——全景图

照片——美国航天局 / 美国的月球勘测轨道飞行器相机，2011 年

直到 1959 年，苏联的月神 3 号航天器首次拍摄到月球的背面，我们才得以窥见其真容。它展示的地貌与总是面朝我们的正面有着差异。最明显的是月海的数量更少，面积更小。这也许是因为背面的地壳更厚，古老的火山喷发形成月球“海洋”的可能性降低。

TYPUS SELENO
LUNÆ PHASES
VARIOS AD:
GRAPHICUS
ET ASPECTUS
UMBRANS.
PETRUM SCHENK
et GERARDUM VALK
CIRCULUS PHASES LUNÆ ACCRESCENTIS
PHASES LUNÆ DECRESCENTIS
NOVILUNIUM.
LUNA SOLI CONIUNCTA
LUNA CORNICULARIS
IN ASPECTU SEXTILI
IN SEXTILI ASPECTU
LUNA DIMIDIATA
IN ASPECTU QUADRATO
IN QUADRATO ASPECTU
LUNA IN ORBEM INSINUATA
IN ASPECTU TRINO VEL TRIGONO
IN TRI ASPECTU NO VEL TRIGONO.
LUNA SOLI OPPOSITA
PLENILUNIUM.
NOMINA
PHASIUM
ET ASPECTUUM
LUNÆ.

PHASES OF THE MOON
月相

月表虽然有五分之二的面积永远无法从地球看到，但是随着月球围绕地球运转，我们每个月都可以看到月球外观的变化。月球会在大约29.5天（地球和月球的轨道形状会带来些微变化）的时间内完成一个月相周期。朔望月是一个新月和下一个新月（或者一个满月和下一个满月）之间的时间跨度。

月亮处于太阳和地球之间时称为“新月”。除非发生日食使月球的轮廓清晰可见，否则肉眼不会看到月亮。我们看不到的月球的背面将是阳光正好的中午，朝向地球的一面处于月球的黑夜，除了可能从地球反射的光线，几乎没有什么光能够抵达上面。

一两天后，月亮运转到一定的位置，被阳光照亮的瘦瘦的月牙短暂出现在日落后的西方天空。“初次出现的月亮”支配着伊斯兰历，标志每个月的开始。传统上见到月亮真身意义重大，但是在现代世界，穆斯林朝拜者也能满足于理论上极其准确的预测——尤其是在经常多云的北欧地区。

每晚月牙逐渐丰盈，面向地球的半面越来越多的区域被照亮，晚上月亮落山的时间向后推移。月球上仍处于黑夜的部分也被照亮，光源却是地球反射的太阳光——所谓的“地照”。望远镜可以观测到明暗线——白天和黑夜的分界线——描摹出了山脉和陨坑的轮廓。从我们的视角看来，随着月球的自转明暗线向东移动，月表可见部分越来越多的区域被太阳照亮。明暗线附近连绵的山脉和陨坑投下长长的阴影，这些地形变得越发醒目。

第一个四分之一的时间过去，大约7天，月亮可见半球的一半被照亮。接下来几天，月亮是凸月，然后在新月过后14天，月亮会变成通宵可见的满月。满月看起来格外明亮，几乎没有什么阴影，但是月表一般只会反射照在上面的13%的光线——与路面上的柏油相似。这时陨坑和山脉在望远镜中好像被洗掉了，但是观测到的亮白色的光束标记着从年轻撞击坑喷发出的残骸的路径。

满月过去7天，最后四分之一的时间见证半个月亮逐渐亏损并主要出现在后半夜的夜空，陨坑和山脉再次变得突出，阴影部分与前半个月刚好对调。大约一周后，残月再次变成新月，新的循环开始。

“月相”：1708年版《和谐大宇宙》的第19幅插图（左图）

手工着色的铜版版画——安德烈亚斯·塞拉里乌斯，1708年

安德烈亚斯·塞拉里乌斯的《和谐大宇宙》是一本精美宏大的图册，汇集了所有已知的宇宙学理论。它横跨1500年的知识和推论，最早可以追溯到古希腊时期。

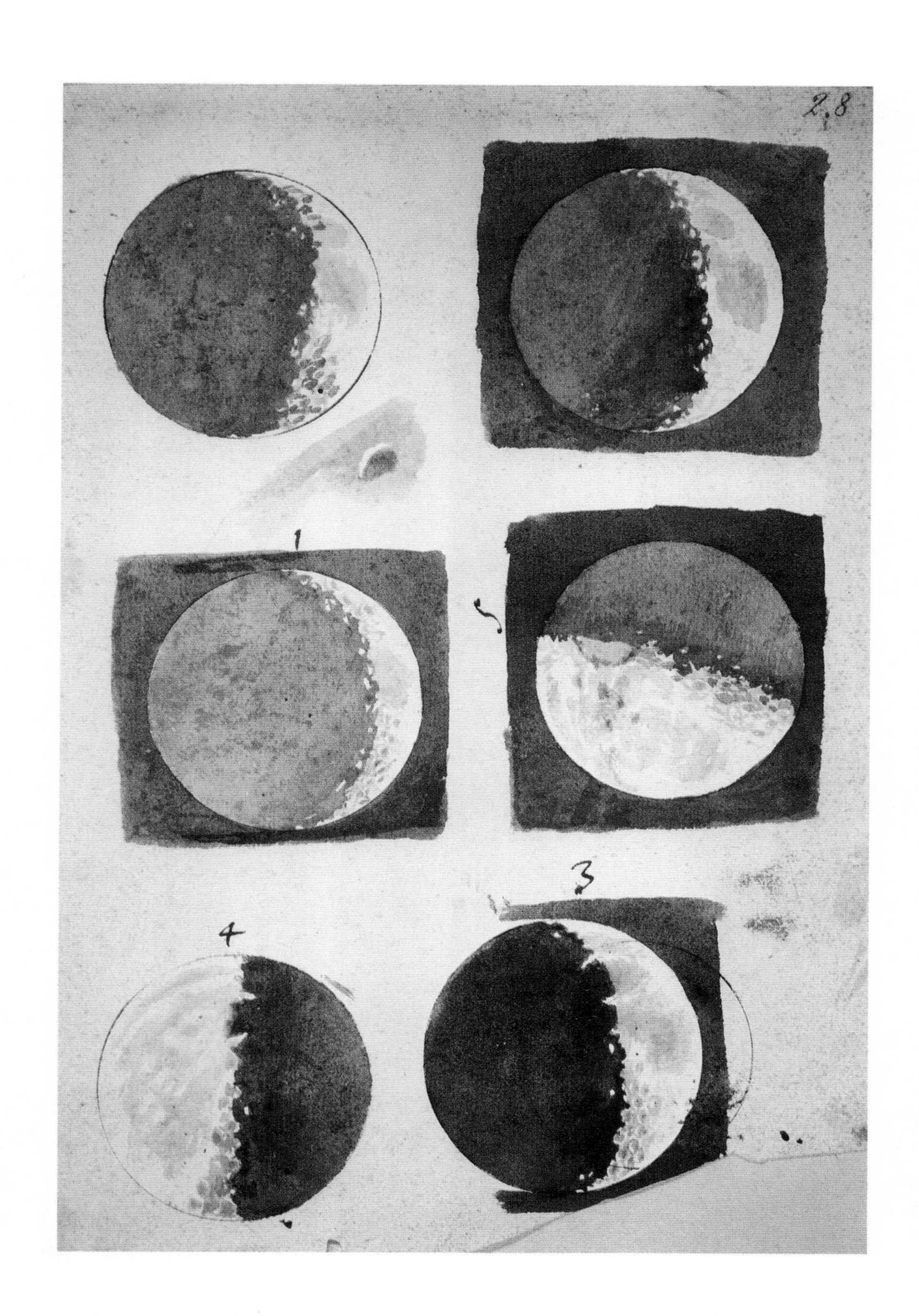

月相，摘自《星际使者》

手稿——伽利略·伽利雷，1610 年

抛去托马斯·哈里奥特的绘图（参见 168-169 页）不谈，伽利略的《星际使者》是首部基于望远镜观测月球出版的科学著作。

《月光下的植物》

纸本水墨水彩画——保罗·克利，1929 年

月亮多次出现在保罗·克利的艺术中，著名的要属他创作于1933 年的名画《满月之火》。在上面这幅画中，一钩眉月在淡淡的月光蓝的天幕上发着微光，照亮了奇异的人形植物。

《月面》（左图）

蜡笔版画——约翰·拉塞尔，1793—1797 年

拉塞尔用蜡笔完美呈现了逐渐丰盈的月亮，月亮上的月海和陨坑的轮廓都细细加以描绘。

“月偏食。观测于 1874 年 10 月 24 日”
《特鲁维洛特天文图集》的第 7 幅插图

彩色石印画——E.L. 特鲁维洛特，1881—1882 年

特鲁维洛特一生大约创作了 7000 幅天文图画。他最为人所知的 15 幅蜡笔画以《特鲁维洛特天文图集》的书名出版，上图的月偏食就是其中一幅。

“月晷，阴历月的进程”

摘自阿塔纳修斯·基歇尔的《光影艺术》

版画——P. 米奥特，1646 年

阿塔纳修斯·基歇尔《光影艺术》中的这幅插图详细展示了月相。边缘围绕的是 28 个人脸月相，内里的螺旋展示了月亮分别在渐亏（上）和渐盈（下）阶段出现在空中的时辰。

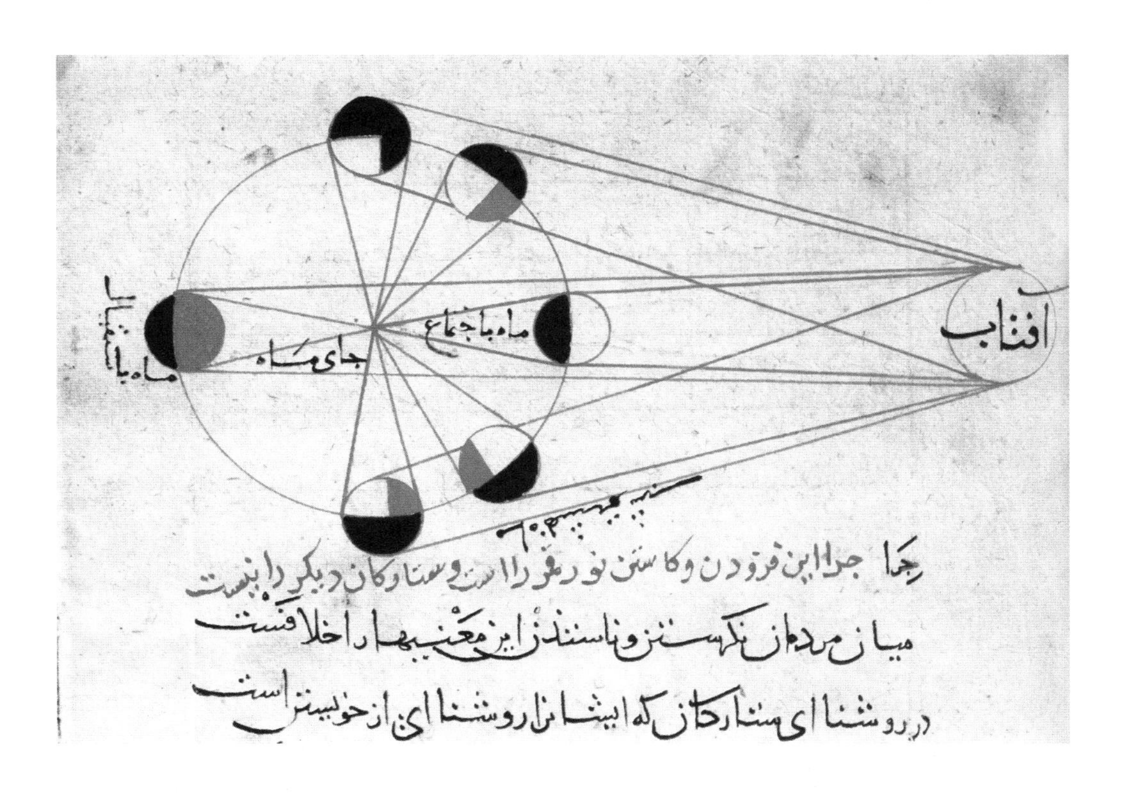

不同月相的天文图解

图画——阿尔·比鲁尼，11 世纪

阿尔·比鲁尼是一位博学的伊朗学者，所处的时代被称为伊斯兰黄金时代，天文和其他科学领域在当时均取得重大的进展。阿尔·比鲁尼研究了太阳、月亮和行星的运动，写了数百本天文学和数学的书籍。

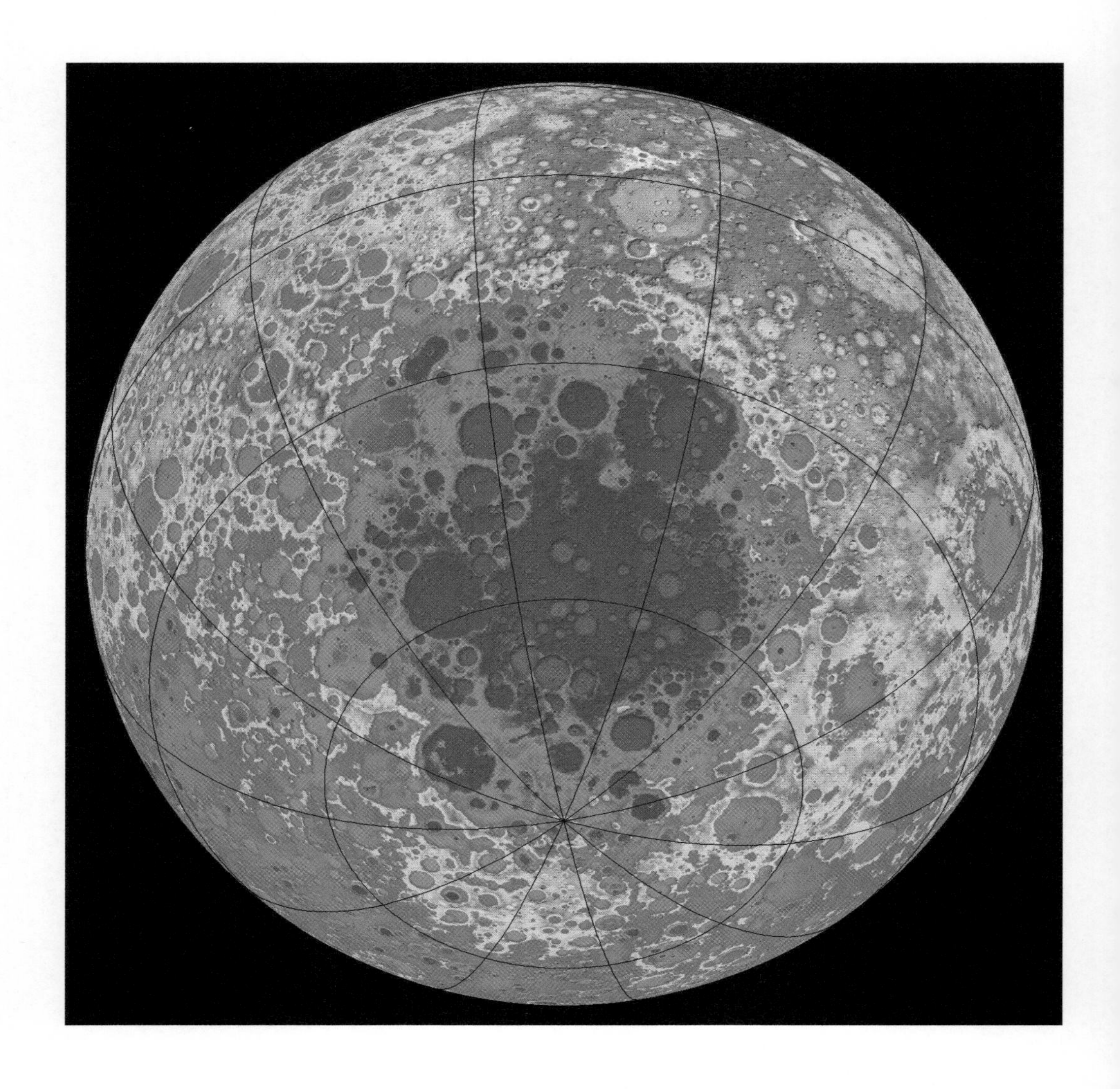

月球南极 – 艾特肯盆地的地形图

彩色晕渲图——美国航天局，2014 年

位于月球背面的南极 – 艾特肯盆地是月球上最大的撞击坑，也被认为是太阳系最古老和最大的撞击坑之一。紫色和深蓝区域代表它的底部中心地带。

月球图

版画——乔瓦尼·多美尼科·卡西尼，1679 年

卡西尼被认为绘制了最初的科学月球图之一，他将山脉、陨坑、月海一一描绘了出来。然而他还附加了一幅女人的微型肖像，她的侧面头像从底部的陨坑凸显出来，刚好偏离图画的中心位置；左下角还有一个心形图案。

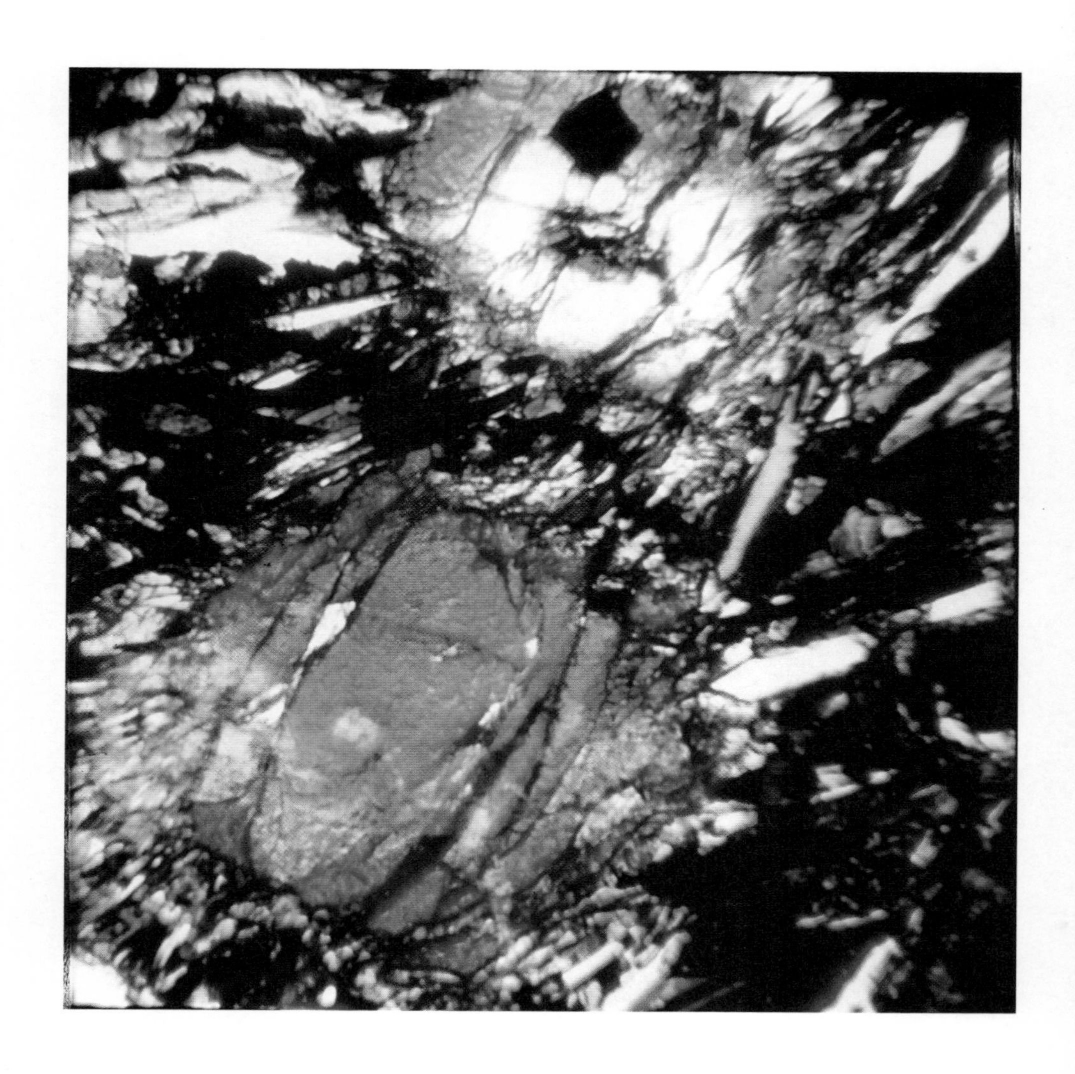

阿波罗 12 号宇航员采集的一块月岩薄片的显微图

显微照片——美国航天局，1969 年

阿波罗 12 号是第二次登月任务。宇航员查尔斯·康拉德和艾伦·贝恩采集的月岩和月壤标本帮助科学家们了解月表的地质状况。

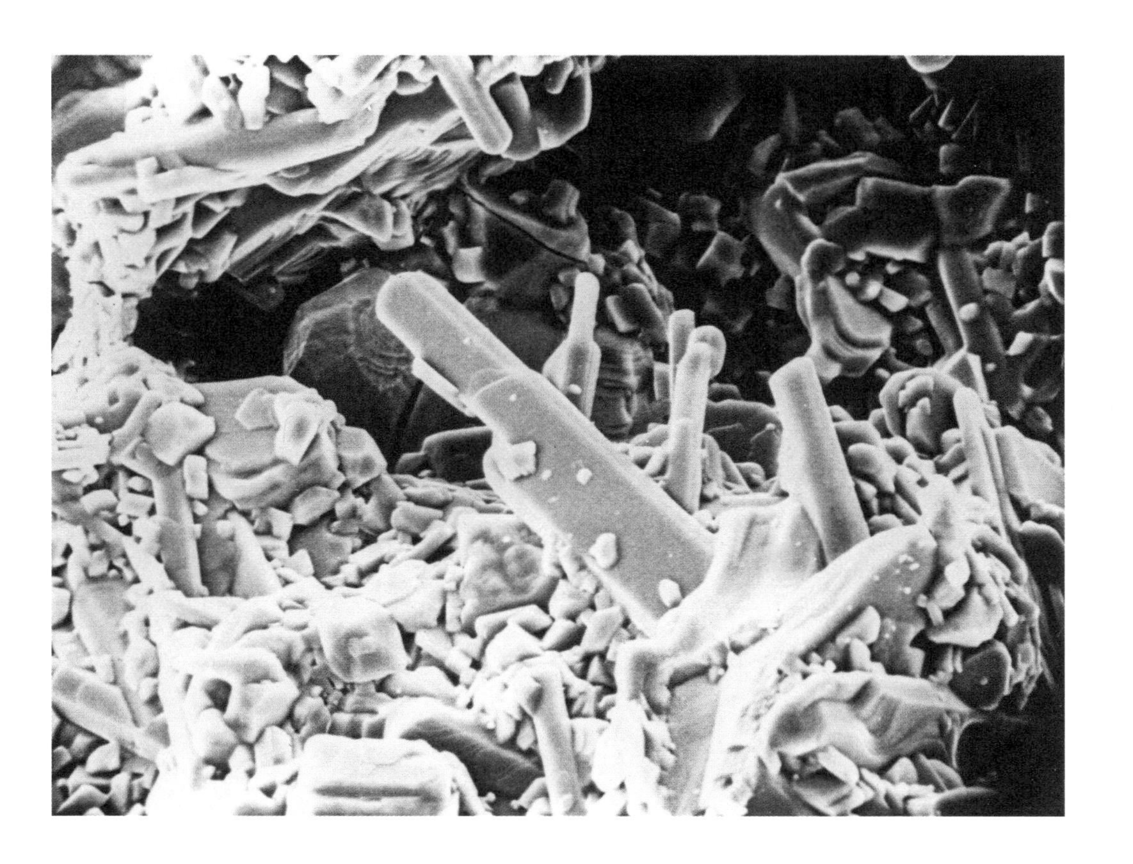

阿波罗 14 号宇航员采集的一块月岩碎片孔洞内的晶体显微图

显微照片——美国航天局，1971 年

阿波罗 14 号成为继失败的阿波罗 13 号任务之后的第三次登月任务。宇航员阿兰・谢泼德和埃德加・米切尔在月球的两次舱外活动中共采集了超过 90 磅（约 40 千克）的月岩。

LUNAR LAVA TUBES:FUTURE HABITATS?

月球熔岩隧洞：未来的栖息地?

月球上古老熔岩流的证据甚至可以通过地球上的小型望远镜进行观测。称为“弯曲月溪”的管道早在18世纪就被记录，所处的位置曾有岩浆从月球内部喷发出来，滚烫的熔岩强行穿透月岩，在月表刻下一条路径。某些管道会形成地下通道，顶上的坚岩厚达数10英尺（约3米），管道自身的直径可以长达数百码（或米）。

这些熔岩隧洞自20世纪60年代初就引起了人们的猜测。它们如此重要和令人感兴趣是因为它们有可能成为未来的栖息地。如果这些管道像地球上类似的地形一样在形成之后排空，留下的巨大空洞就可以成为未来月球基地的关键组成部分。

月球的环境十分险恶。定居者们最初需要从地球带来所有的供给，才能应对这个没有食物来源的世界的挑战。这个世界唯一充沛的水源存储在极地冰冻的陨坑中，大气也稀薄得接近于无。他们和设备还要面临小陨星的撞击、来自太阳和宇宙的辐射以及在-279和261华氏度（-173~127摄氏度）之间起伏的气温差。熔岩隧道将成为抵御这些危险的天然屏障，甚至能够使公私合营项目承受启动首个外星球建筑工程的造价和风险。

月球图片上的“塌陷坑”是说明空洞的熔岩隧洞的确存在的有力证据。小陨星在管道顶部砸出洞，使下面的坑洞暴露出来。在马吕斯丘陵——风暴洋的一个区域——的图片上，日本的月神号太空船和美国航天局的月球勘测轨道飞行器相机（LROC）发现了一个宽达210英尺（约65米）的坑——显然是一条宽达数百码、深度超过260英尺（约80米）的管道的天窗。后续的雷达扫描证实在相同区域的确存在管道，未来的探月任务将会做更具体的勘探。

夏威夷瑟斯顿熔岩管（左图）

照片——道格拉斯·皮布尔斯，2014年

科学家们希望月球具有与地球类似的熔岩管，可以为未来的月球栖息地提供基础。

阿波罗 12 号宇航员采集的一块月岩薄片的显微图像

显微照片——美国航天局，1969 年

难以想象这幅色彩斑斓的马赛克是一块月岩的图像。运用交叉偏振光透过显微镜对月岩薄片进行拍摄，产生了这一惊人的效果。

阿里斯塔克斯高原的铁分布图

彩色编码地质图——美国航天局，1994 年

阿里斯塔克斯高原是月球最有意思的地形之一，尤其是对那些希望重返月球的人。这个地区富含火山喷发带来的碎屑沉积，其中含有氢、氧、铁、钛等有用的元素。上图显示了这个区域的铁含量。

THE GREAT MOON HOAX
月球大骗局

1835 年 8 月，纽约《太阳报》刊出一系列描述在月球发现生命的虚假文章。报纸声称这些造成轰动的发现都是天文学家约翰·赫舍尔爵士的功劳，爵士当时外驻南非的好望角——恰好远在天外，不知晓《太阳报》的报道。

新上任的编辑理查德·亚当斯·洛克后来承认这是一场骗局，并且可能是受赫舍尔同为天文学家的父亲威廉·赫舍尔爵士的启发。老赫舍尔确实描述了他确信自己在 18 世纪末对月亮的观测中看到的树林、森林和田野。洛克可能还受埃德加·爱伦·坡同年早些时候发表的一则短篇故事的影响，故事讲述了一位荷兰探险者乘坐热气球升上月球，结果遇到一群"长相丑陋的侏儒"。

洛克借这个骗局讽刺那些似乎确信月球和其他星球存在外星人的作家。他尤其对天文学作家托马斯·迪克不屑一顾，托马斯曾经提议在西伯利亚建造一个可以从月球看到的大型建筑，向月球居民发送信号，希望月球人能够回复。

根据《太阳报》的文章，约翰爵士发现了"其他太阳系的行星"并"解决或纠正了数理天文学上几乎所有重大的问题"。但是这些成就和他对月球的研究相比根本不算什么。报纸的描述极其翔实。连载一周的六篇文章描绘了鲜花、树木、湖泊、巨水晶、鸟群、鹿群和羊群，所有这些都是小赫舍尔通过一架透镜直径长达 24 英尺（约 7 米）的大型望远镜清楚见到的。(望远镜跟当今使用的最大型的望远镜有得一比，不过它们用的都是反射镜，因为这么大规模地使用透镜几乎是不可能的。）倒数第二篇文章甚至谈论了"人蝠"——一种忙着交谈的长着翅膀的类人智慧生物——和被毁的寺庙的废墟。

赫舍尔在 1835 年末知道了这个骗局，起初付之一笑。然而，随着时间的推移，他开始向他的天文学家姑姑卡罗琳·赫舍尔抱怨，他被那些把谣言当真的人的信件搅得不得安宁——这种经历对现今挑战伪科学的研究者们来说一点都不陌生。

"月球动物和其他事物"（左图）

石印画——本杰明·戴为纽约《太阳报》绘制，1935 年

在这位艺术家对月球虚假发现诠释的画作中，"人蝠"、独角兽和其他假定存在的外星生命体在这个生机勃勃的山谷中比比皆是。

ISLAM AND THE MOON
伊斯兰教和月亮

月亮和其他天体，诸如恒星和太阳，在宗教和政治团体的象征表现中占据举足轻重的地位。普遍存在、具有摄人心魄的美感的物体和形状有助于信仰与其他归属形式的视觉表达，这就解释了世界上的旗帜经常使用星星作为图案的原因。

伊斯兰教与新月或月牙的关系比其他任何宗教都要密切，新月端点之间的居中位置往往有一颗五角星。我们可以看到月亮（单独或带有星星的）矗立在众多伊斯兰建筑的光塔和穹顶的顶端，也出现在一些伊斯兰国家的旗帜上。更重要的是，伊斯兰教的拉马丹节，即斋月，从伊斯兰历 9 月的新月开始，到下一个新月的开斋节结束。伊斯兰教遵循月历，每年的拉马丹节会比上一年提前 11 天，斋戒会在不同季节进行，很多穆斯林都会在开斋这一天凝望天空。

然而，月亮和伊斯兰文化的故事并不简单直接，如今月亮也不是伊斯兰世界标准或公认的符号。它和伊斯兰文化产生关联的历史也不像我们想的那么久远。官方首次使用月亮作为伊斯兰教文化符号是在 1453 年土耳其征服君士坦丁堡（现称为伊斯坦布尔），彻底终结拜占庭帝国的基督教统治之后。土耳其国旗“Ay Yildiz”（意为“月亮星”）选择新月和星星作为图案，可能是源于一则奥斯曼帝国的神话，首次记载出现在君士坦丁堡衰亡的同一时代。据说，13 世纪奥斯曼帝国的缔造者奥斯曼一世曾做过一个具有预言性质的梦，梦中他看见一轮满月从一位圣人的胸膛升起落入他的胸腔，然后从他的胸口长出一棵树——象征他即将开创的新帝国。

天体意象在伊斯兰教象征体系中代表吉祥，对此更合理的解释是星空图在人类灯光和现代技术问世前是海陆导航的重要向导，是天然的计时器，是人类的重要寄托。

东伦敦清真寺，白教堂路（左图）

尖顶饰——约翰·吉尔合伙人（建筑事务所），1983 年

作为伊斯兰教象征的新月高高矗立在东伦敦这家清真寺光塔的塔尖。另一轮新月装饰着清真寺的圆顶顶端。

锡耶纳大教堂地面上的新月图案

马赛克——意大利，14—16 世纪

锡耶纳大教堂的大理石地面是它的主要看点之一。除了新月图案的马赛克，它的另一个看点是 50 多块描绘历史和圣经场景的镶板。

《蓝鸟》（《画家的见证》）（右图）

石版彩印画——乔治 · 布拉克，1961 年

乔治 · 布拉克的画作描绘了两只在夜空飞翔的鸟儿，展现了野兽派青睐的简约造型和大胆用色。星星和新月的线条近乎粗犷，但效果不错。

G Braque

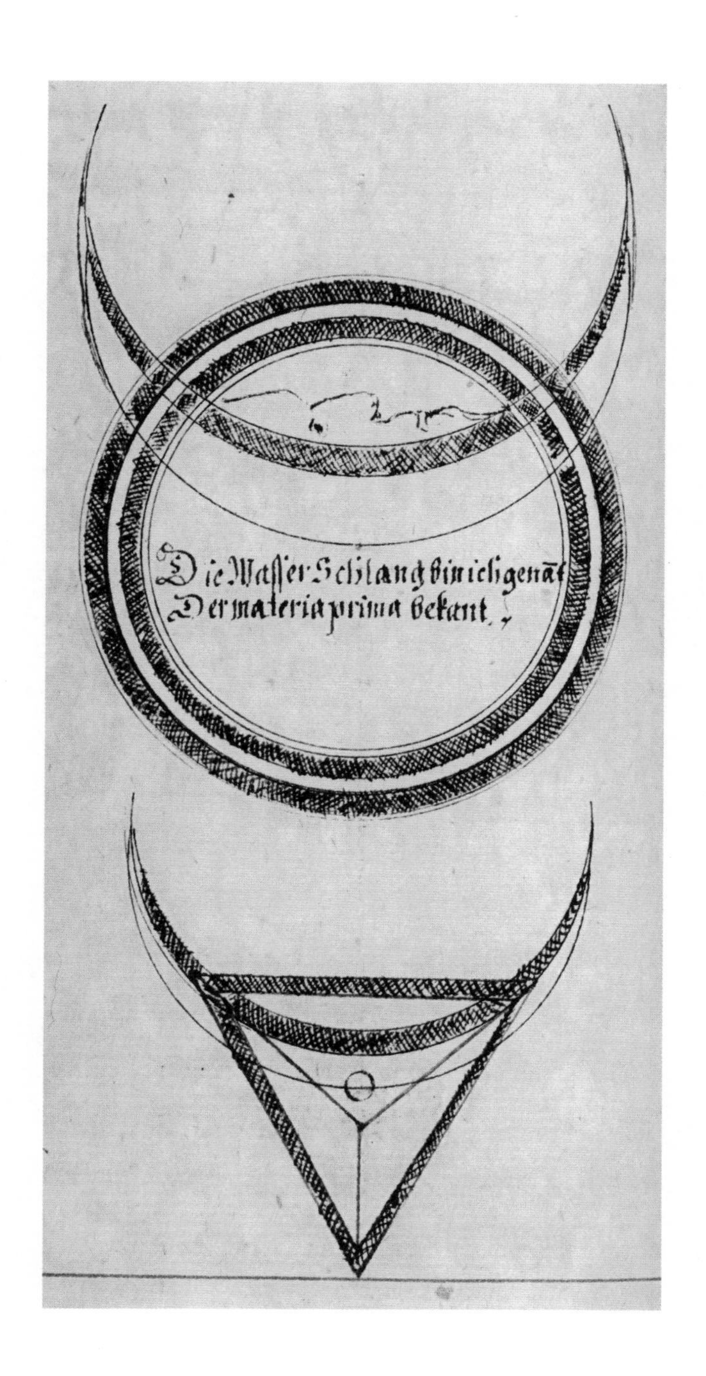

炼金术符号

纸本水墨——德国，约 1610 年

这幅插图展示了融入月冠的几何符号。题词是：“我是水蛇，是已知的第一个物质。”

古埃及月神孔苏

彩印画——L. J. J. 杜布瓦，1823—1825 年

古埃及月神孔苏往往被刻画成鹰头人身的形象，头顶着圆太阳和弯月牙的王冠。他的名字意为“旅人”，寓意着月亮穿过夜空的旅行。

中国月亮女神嫦娥

木版彩印

内蒙古，约 13—14 世纪

在中国神话中，嫦娥是住在月亮上的月神。每年农历八月的月圆之夜人们都要供上月饼祭奉她。中国的首架月球探测器就以她的名字命名。

《艺术－品位－美丽》时装样片

彩色丝印——未知，1925 年

此处和 104 页上同一本时装杂志的插图都运用了彩色丝印技术，这种技术在法国艺术装饰时期大为流行，与左页中国传统木版画的美学有异曲同工之妙。

诺曼·盖尔著《唱给小人儿的歌》插图

石印——海伦·斯特拉顿，1896 年

西奥多·斯多姆著《小霍尔曼》插图

彩印画——埃尔斯·温兹－维托，1926 年

上图和左图：月亮是童书的流行主题，是魔法和神秘的象征。在左侧斯特拉顿的插图中，一轮明亮的圆月照亮了一间满是小精灵的房间。而在斯多姆的童话故事中，月亮扮演着更为核心的角色，一位精力充沛的小男孩在一次夜间冒险中考验了月亮上的人的耐心（参见第 239 页）。

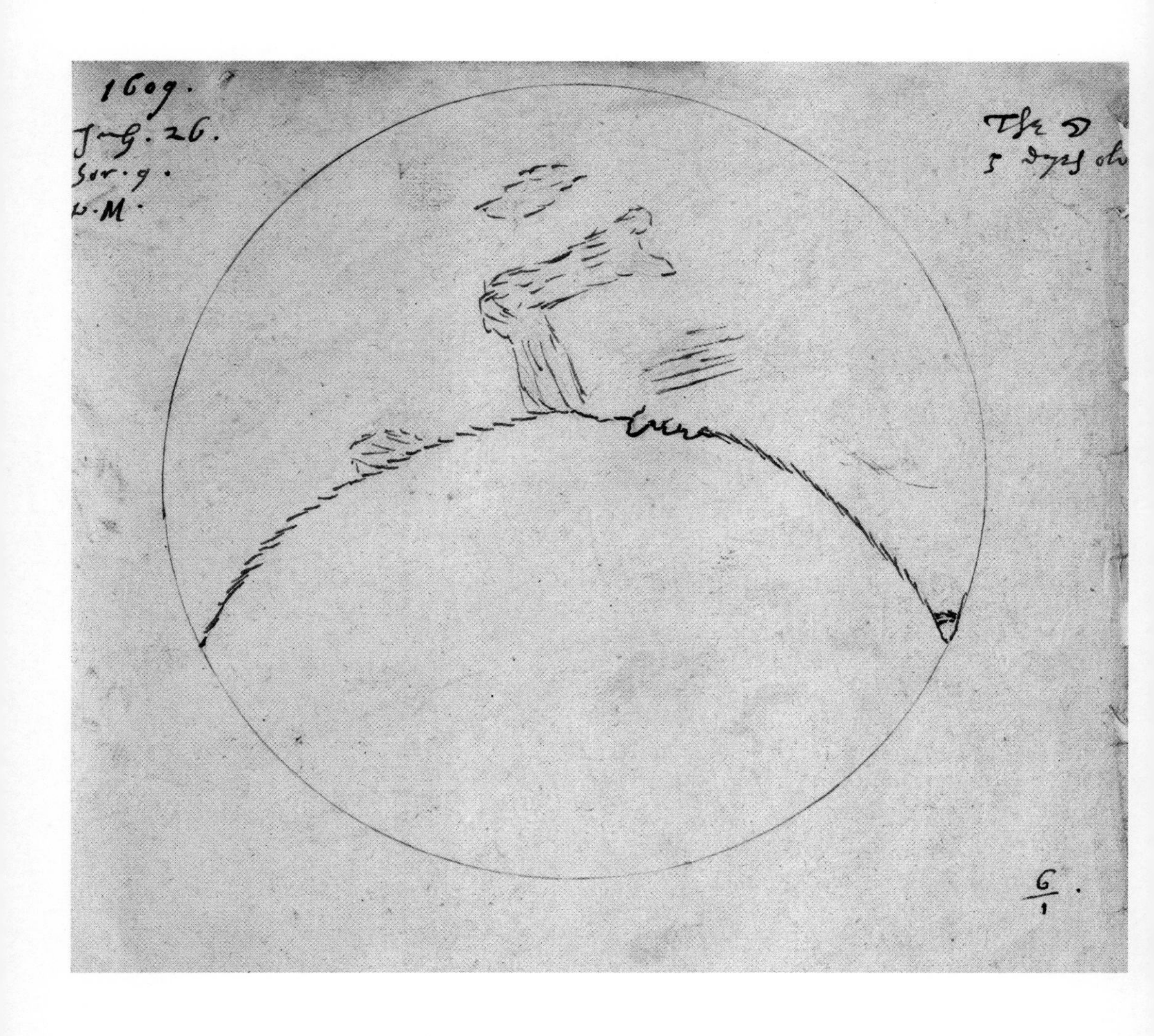
1609.

THOMAS HARRIOT'S MOON MAP FROM 1609

托马斯·哈里奥特 1609 年的月表图

1609 年，英国天文学家托马斯·哈里奥特首次借助望远镜绘制了第一张月表图，比伽利略同年晚些时候绘制的更著名的月表图早了 4 个月。他 1560 年出生于牛津，成年后搬去伦敦，对天文学、航海、数学的兴趣使他成为沃尔特·雷利爵士的助手，并跟随这位探险家远征弗吉尼亚，在 1585 年创建了罗诺克殖民地。

哈里奥特得到第 9 代诺森伯兰伯爵亨利·珀西的眷顾获得土地，在如今位于西伦敦的赛昂宫过着舒适的生活。他的恩主比较倒霉，被怀疑参与刺杀国王詹姆斯一世未遂的火药阴谋，关入伦敦塔 16 年。（哈里奥特也被关押，不过只囚禁了 3 个星期。）

1608 年，眼镜制造商汉斯·利普歇向荷兰共和国议会申请一架简易望远镜的专利。这个被描述成"荷兰树干、透视圆筒"的新发明在欧洲主要城市出售。哈里奥特很快弄到一架望远镜，并在 1609 年 7 月 26 日成为使用望远镜观测月亮的第一人。

观测绘制的草图以现代标准来说是粗糙的，但却清楚地显示出明暗线（昼夜分界线）以及画面中太阳照亮部分的阴影。得到改进的望远镜提高了他的绘图质量，他于 1610 年初绘制出一幅在未来几十年都不会被超越的具有显著地形的月表图。早期的望远镜视野狭窄，不可能一眼看到整个月球，因此绘制月表图需要耐心和技巧。

哈里奥特和他的工作成为 2009 年国际天文年——纪念人类使用望远镜探索夜空 400 周年——庆祝的内容。伽利略作为一位成就更加卓越的全能科学家理应得到认可，但哈里奥特的贡献也不应被遗忘。

第五天的新月图（左图）

纸本水墨——托马斯·哈里奥特，1609 年 7 月 26 日

托马斯·哈里奥特的新月图是有史以来首次通过望远镜观测绘制的图像，甚至先于伽利略的《星际使者》（参见第 142 页）。

NOT (JUST) THE MAN IN THE MOON
月亮上不只有“人”

“幻想性视错觉”描述了人类从随意的形状中找到图像和图案的本能——比如在云中看到动物，从火烤的面包中看到宗教人物。在望远镜问世之前，我们只能凭肉眼观察头顶那颗总是在变换形状的迷人天体，我们从满月图案辨别出的最普遍的图像之一是人脸。在多数西方文化（北半球）中，那是一张男人的脸，嘴巴大张，似乎敬畏于他正在观察的宇宙。最大的两片“月海”——雨海和静海——是两只眼睛，云海是他的嘴巴。

在西方文化中，人物的轮廓一般是月球的主要面貌特征。其他形象包括肩扛某种武器的猎人（北半球可见）或者梳着完美发型的女人的头肩像。我们在月表看到或者想要看到的图像使神话、艺术和文学中无数的形象应运而生，月亮完全化身男性的形象成为常见且流行的主题，但它仍会和月球女性的一面发生众多关联。

然而，其他文化在月亮上看到了截然不同的形状和形象。在亚洲，在月盘上最常被认出的地球生物是一只坐着或者身体蜷缩的兔子。兔子在亚洲传统和宗教里是代表永生和回春的重要符号，可能源于佛教文化。中国的中秋节会庆祝月亮和月亮女神嫦娥。女人们制作展示月亮和兔子（嫦娥的宠物玉兔，中国的玉兔号月球车便是以它命名）的浅色小饼。兔子往往被描绘成捣制长生不老药的形象，确保嫦娥能够永生不死。在日本的版画中，我们经常可以看到白色的兔子聚集在白色的满月下，或者圆月充当它们的背景。佛陀的化身之一是兔子，在语言学的层面，梵语中兔子和月亮的拼写几乎一样。兔子和月亮发生联系的图像在玛雅和阿兹特克艺术中也比比皆是。据说，一只兔子主动献身，救了快要饿死的阿兹特克羽蛇神。作为回报，兔子升上月亮再回来，这样地球上的人就都能看到它的身影。

望远镜和太空旅行的到来也许改变了我们观月的方式，但那些我们仅仅通过肉眼观察就可以认出的熟悉面庞和身形却没有随之消失。

月亮上的人类——库昂，海达神话，摘自弗兰兹·R和凯瑟琳·M. 斯坦泽尔的美洲西部艺术集（左图）

纸本水墨——约翰尼·基特·埃尔斯瓦，1883 年

海达族是北美太平洋西北海岸的土著民族。在海达族的神话中，一位名叫库昂的男子在用水桶从小溪汲水时被月亮偷走。他竭力抵抗月亮的光线，抓住一株灌木，无奈月亮太过强大。据说满月时可以看到手握水桶和灌木的库昂，库昂偶尔还会掀翻水桶带来降雨。

美猴王孙悟空与玉兔

木版彩印画——大苏芳年，约 1885—1890 年

白兔在亚洲文化中往往与月亮相关，是长生不老的象征。在中国神话中，它是月亮女神嫦娥的爱宠。

罗马尼亚邮票（右图）

邮票——罗马尼亚，1957 年

罗马尼亚邮票，纪念首只绕地球轨道运行的动物——莱卡。

LAIKA
PRIMUL CALATOR
IN COSMOS
1,20 LEI
POSTA R.P.ROMÎNA
COLECTIV DUMITRANA

LAIKA
1,20 LEI

LAIKA
PRIMUL CALATOR
IN COSMOS
1,20 LEI
POSTA R.P.ROMÎNA
COLECTIV DUMITRANA

LAIKA
1,20 LEI

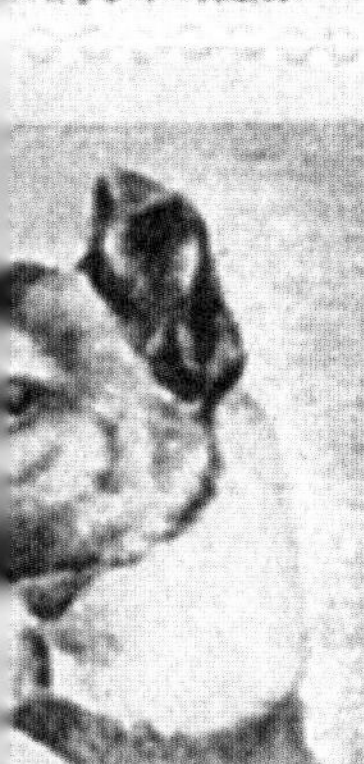

LAIKA
PRIMUL CALATOR
IN COSMOS
1,20 LEI
POSTA R.P.ROMÎNA
COLECTIV DUMITRANA

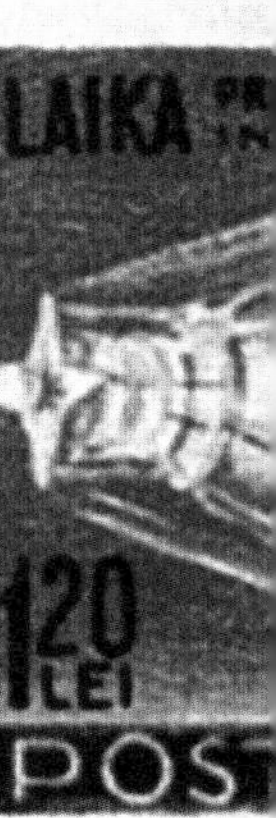
LAIKA
1,20 LEI

LAIKA
PRIMUL CALATOR
IN COSMOS
1,20 LEI
POSTA R.P.ROMÎNA

LAIKA
1,20 LEI

THE NAMES OF THE MOON
月亮的名字

诗歌中的月亮通常被证明有隐喻性，并有多种称谓。在此之外，地球的卫星在我们看来就只是“月亮”而已。但是我们至少可能认识一些更为不同寻常的描述性的名字，诸如“血月”和“收获月”。

我们如今熟悉的很多名字都是美洲土著取的，后被欧洲定居者们沿用。这些狩猎部落与他们周围的世界有深厚的联系。他们用来标记年份循环的月历，是依据动物的行为或植物庄稼的生长给每个月的满月命名的。根据各个部落的独特文化和地理生态状态的差异，这些富有诗意的名字也各不相同——对偏爱鱼类饮食的部落，8 月的满月称为鲟鱼月，在另一个部落可能就是青玉米月。

常见的名字有：12 月的寒月；1 月的狼月或魂灵月；2 月的雪月、饥饿月或熊月；春天和初夏时节的粉红月、花卉月和草莓月；仲夏时节的雄鹿月、雷鸣月、鲟鱼月和浆果月。9 月底 10 月初对应玉米月或收获月，在北半球它是最接近秋分的满月。

收获月作为季节变迁的标志和五谷丰登的象征，激发了众多艺术家的灵感。在风景画中它往往被描绘成一轮橙色或红色的圆盘，这种颜色仅仅是因为月亮靠近地平线所致，任何月份的满月都可以呈现这种色调，但在早秋时节可能格外突出——日落月升的时间导致了这种现象。收获月后面是狩猎月或血月。（后者不是指淡红色，可能是猎人狩猎的猎物流出的有温度的血液。）

蓝月又是怎么回事呢？它是月亮最为人熟知的名字之一，却与颜色没有半点关系。它用来命名日历年每隔两三年会出现的一次额外的满月，因为月亮周期的时长比公历平均每月的时间要短。它通常也用来命名一个日历月的第二个满月——但这是不准确的定义，源于业余天文学者詹姆斯·休·普鲁厄特 1946 年为美国流行杂志《天空和望远镜》撰写的文章。两个定义都呼应了口语中年代久远的短语“once in a blue moon”（字面意思为“出现一次的蓝月亮”，引申为千载难逢），表示鲜少发生或者非常荒谬的事情。另一方面，黑月亮是指一个日历年出现的额外的新月，或者一个日历月中满月的缺席，而这只发生在 2 月。

《原上月亮》（左图）

布面油画——保拉·莫德松－贝克尔，约 1900 年

保拉·莫德松－贝克尔的《原上月亮》是画家从秋季收获月（满月）汲取灵感的典型例子。画中的月亮呈现明亮绚烂的橙色，与色调暗沉的天空和冈峦形成鲜明的对照。它低悬于空中，显得更大，颜色也更为浓烈（参见 136-137 页）。

《月下捕鱼》

布面油画——阿尔特·范德内尔，约1665年

荷兰画家范德内尔擅长氛围浓郁的月下海景图。画中昏黄的满月微妙地照亮下方景色中的渔网。整幅画散发着休憩的氛围，水是静止的，渔民们安静地忙活。宁静是陆地和海上月景画不断传递的一个主题。

《利兹公园街》（右图）

布面油画——约翰·阿特金森·格里姆肖，1882年

《利兹公园街》是格里姆肖著名的城市夜景图之一，其中照明和氛围是主要焦点。远处的两辆马车是安静的城市街道上唯一活动的迹象。格里姆肖经常描绘英格兰北部工业城市的码头和市中心富有诗意的静谧场景。

《维苏威火山》

布面油画——约瑟夫·赖特·德比，约1773—1778年

18世纪主题崇高的绘画聚焦自然的力量，描绘自然的力量如何不可预测和不受人类控制。德比的画面在平静水面的衬托下显得祥和，笼罩在月光柔和的绿色光晕中。然而维苏威火山泛红的轮廓在背景中若隐若现，暗示它潜在的暴力和毁灭。这位艺术家创作了30多幅这座火山的画作，这是其中一幅。

《丹麦法罗群岛上的月光》

照片——迈克尔·丹姆，2017年

丹姆的丹麦法罗群岛图片是展现壮观自然的又一幅气势磅礴的海景图。月亮虽然隐身不见，却照亮了乌云、波涛汹涌的海面和崔巍的山脉。画面主题让人联想到数世纪前崇高绘画的类似主题，将蕴含风暴的明亮月光、抑郁的饱和色彩和深度的虚光形成对照。

THE BLUE MARBLE
《蓝色弹珠》

《蓝色弹珠》图片是阿波罗计划最后一次任务阿波罗 17 号前往月球途中拍摄的一张地球全景图。

宇航员尤金 · 塞尔南、罗纳德 · 埃万斯、哈里森 · 施密特看到了地球的南极和炫白耀眼的南极冰冠，看到印度洋、大西洋、南大洋上的云层和风暴，看到非洲的沙漠、草原和雨林以及干旱的阿拉伯半岛和地中海。这张图片能够让人轻松想象宇航员从太空俯瞰地球时体验的“总观效应”——不仅视角发生实质的变换，认知也会经历转变。自 1972 年以来，还没有宇航员到达距离地球家园几百千米的外太空，但是他们仍然感受到了一个国界消失不见的世界，并第一次体会到人类面临的挑战。

对阿波罗计划的宇航员而言，地球在几天之内后退缩小成空中月球的四倍大小。从 25 万英里（约 40 万千米）的高度来看，色彩斑斓的地球与黑暗的太空和灰色的月表形成对照。倘若人类的探险者有朝一日穿过更漫长的距离去往火星，美丽的地月系统将很快化为两个明亮的小点，和太阳系的其他行星以及更遥远的恒星并无二致。

《蓝色弹珠》图片在其他众多场合都代表着地球。科幻作家、环保活动家、金融和互联网技术公司，甚至伪科学家（尤其是地平论者）都用过它。虽然自那之后没有人深入太空重拍阿波罗 17 号的照片，一些无人操控的太空任务却抓拍了类似的图片，其中某些任务具有明确的目的，提醒着我们地球家园的脆弱。

《蓝色弹珠》（左图）

照片——美国航天局，阿波罗 17 号宇航员拍摄，1972 年 12 月 7 日

这张标志性的地球图片是复制最多、传播最广的照片之一。阿波罗 17 号的宇航员拍下这张照片时，太阳刚好处在背后，几乎完全照亮了整个星球。你可以看到非洲大陆、亚洲大陆和环绕底部的南极冰冠。然而，原图中的冰冠却位于顶端。美国航天局把图像做了翻转，使它看来更令我们眼熟。

THE MOON AND FATE
月亮与命运

爱尔兰诗人威廉·巴特勒·叶芝在他钟爱的诗作《他希望得到天堂的锦绣》（1899）中写道，“天堂的锦绣，织满那金色和银色的丝线，那蔚蓝、黯淡、漆黑的锦绣，绣着那四时变化的多彩丝线。”夜空中月亮作为光源编织锦绣的比喻与女性和降生、生存、死亡的循环有着深切的联系。阴晴圆缺的月亮自古就被解读成纺绩和拆解人类命运丝线的纺车。

在古希腊，月亮和人生的不同阶段由命运三女神摩伊拉代表。她们是比众男女神祇更古老的神，在俄耳普斯教祷歌中被描述成“黑夜的女儿”——通常是司夜女神尼克斯或其他原始神祇的女儿。神明和凡人都要向她们俯首：克洛托见证生命的诞生，纺织生命的丝线；拉刻西斯用丝线编织生命的布匹；阿特洛波斯终结生命，用剪刀切断丝线。摩伊拉有时指一个人，但一般也会被描绘成分别手持纺锤、纺车、剪刀的三位女神，她们编就着人类的命运之网。她们出现在夜间月光照亮的场景，或者身穿白色的衣服，这反映她们来自暗夜和冥界，与月亮有着关联。外形圆似月亮的纺车成为命运之轮的象征。

创造、丈量、终结生命的月亮三女神的概念渗透进其他文化。摩伊拉在罗马对应帕西（诺娜、得克玛、墨尔塔），在北欧和斯堪的纳维亚神话中对应诺恩斯（分别代表过去、现在和未来的沃德、斯考尔德、维尔丹尼）。诺恩斯和摩伊拉一样，都是比诸神更为古老的神明，她们住在伊格德拉修——生命之树——树根旁的命运之泉中，从泉中取水浇灌树根。

命运众女神具有原始的出身，受到处于统治地位的神灵的尊重（在后来的希腊神话中，摩伊拉的母亲不再是尼克斯，她成为宙斯和忒弥斯的女儿，表明地位得到提升），处于她们统治下的人类则对她们怀以矛盾的感情。命运女神与出生相关，却同样代表死亡，知晓并操控着每个人的命运，和月亮的情形有些类似。命运女神自身没有任何邪恶之处，但是她们所代表的东西却令我们畏惧。

占星塔罗牌中的月神（左图）

塔罗牌——乔治·穆奇瑞，1927年

在穆奇瑞设计的塔罗牌中，月亮再次伪装成一位女性。这种表现手法比 15 页的塔罗牌更为现代。

法国雷恩市圣乔治游泳池的《月球博物馆》

装置作品——卢克 · 杰拉姆创作，夜幕降临节展出，2017 年

杰拉姆的月球直径长达 23 英尺（约 7 米），内充氦气。它将美国航天局拍摄的图片高清打印出来，从内部照亮具有精准细节的月表图。这件装置艺术作品为参观者提供了月下游泳和近距离赏月的体验。

海滨夏夜

布面油画——埃德瓦德 · 穆奇，1895 年

月亮和它倾洒的层次丰富的月光俘虏了艺术家凡·高(参见 128 页),埃德瓦德·穆奇则挖掘了它传达忧郁情绪和强烈情感的能力。此处他运用丰富的色调捕捉月光，赋予画面一种微微泛光甚至积极的感觉。

"月神"，《天球论》第12页（左图）

羊皮纸本，蛋彩金粉画

可能由克里斯托福罗·德·普雷迪斯创作，1470年

月亮是水手至关重要的导航坐标，也对潮汐产生重要的影响。它被描绘成一位女神，风在她头顶的左右两边吹着。月神的重要性在这幅画中得到呈现。甲壳动物的徽记跟11页月神车上的标记类似。

"月食：一位17世纪的天文学家"

广告卡片，彩色石印画

李比希公司，1925年

17世纪的一位天文学家透过一架装饰华丽的望远镜仔细观测月食现象。

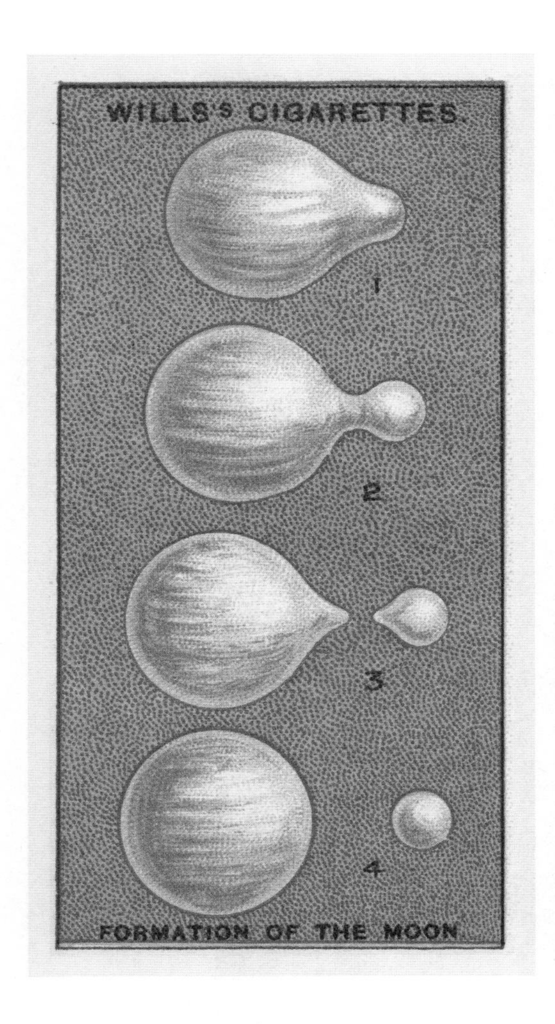

“月球的形成”
香烟卡片，彩色石印画
威尔香烟公司，20 世纪

《原始地球和月球》（右图）
木版丙烯画
理查德·比兹利，20 世纪

上图和右图：当前理论提出地球和月球本为一体，直至一颗火星大小的小行星与原始地球相撞，部分残骸促成月球的形成。上面这幅插图没有表现剧烈的碰撞，而是显示月球如同一滴精致的雨滴从地球滑脱出去的过程。右图则更为戏剧化地描绘了两个星球的表面。

THE MOON GETS FARTHER AWAY
逐渐远去的月球

月球如今远在238900英里（约384400千米）之外，但是在它经受暴力形成的初期，人们一般认为它距离地球在12000—19000英里（约20000—30000千米）之间。早期的地球不适宜观测天象，但是一位时间旅行者倘若能够找到一块硬石立足，就会发现月亮占据了他的整个视野。那位探险者倘若朝脸的正前方伸出一只手臂，月球看起来会和他的拳头一般大小，而月球对地球的引力也比现在要大上数百倍。

两个星球的外观与现在也大相径庭，熔化的表面布满被天体撞击的疮疤。但是，等地球温度冷却下来能够维系大洋的存在时，水体便成为影响两个星球之间关系的第三因素。地球在运转过程中受月球和太阳的牵引，任何给定地点每天都会经历两次低潮和两次高潮。月球的引力更为突出，它与太阳相比虽然质量微小，但它与地球的近距离弥补了这一点。

地球旋转的速度比围绕它运转的月球的速度快得多，高潮时暴涨的水体会将月球向前轻推，慢慢提升它的速度，使它远离地球。与此同时，地球的旋转速度会慢下来，每个世纪白昼的时长延长几千分之一秒（最精准的原子钟测得的数值）。

通过向阿波罗计划三位成员留在月表的反射器发射激光，计算激光返回地球的时间，可以得出地月距离的增长数值。它们之间的距离每年平均增长1.5英寸（约3.8厘米），远古的岩石证据表明这个速度比过去要快。不管怎样，月球逐渐远去的趋势会延续到遥远的未来。在缓慢膨胀的太阳烤干海洋，导致地球不再宜居之后很长时间内都会保持下去。不断增长的地月距离也会使日全食成为历史，因为显然月球变得太小，难以完全遮住太阳。

假设在太阳生命的最后阶段，地球和月球没有被膨胀成红巨星的太阳的大气吞噬，地球的一天将最终相当于月球的一个月。这两个业已死亡的星球将保持相同的一面对着彼此，环绕那颗所剩无几的恒星运转。

环绕地球运转的月球，拍摄自390万英里（约620万千米）之外的太空（左图）

合成照片——美国航天局，伽利略航天器，1992年

月球受地球引力的作用锁定在轨道上，而地球自转的速度也会拉动月球加速。图中两个天体一半可见的部分彼此呼应，提醒它们共同的历史和联结。

掠过地表的月球

静止动画

美国航天局，深空气候观测卫星，2015 年 7 月 16 日

深空气候观测卫星在距离地球 100 万英里（约 160 万千米）的轨道上运行，配备的成像摄像机拍摄下惊人的一幕，展示出掠过地球正前方的月球的背面（地球上永远看不到的一面）。

从太阳正前方穿过的月球

合成照片

美国航天局，日地关系天文台 2 号航天器，2007 年 2 月 25 日

这张图片被负责研究太阳和监测日冕的日地关系天文台 2 号航天器捕捉到。图中可以看到月球穿过这颗巨大的火球时显示出的身影（参见 40-43 页）。

MOON BASE

月球基地

建立月球定居点的梦想令人神往。它是科幻小说和电影的流行主题，如《2001：太空漫游》（1968）以及年代更近的《月球》（2009），作家和导演都热衷于刻画在条件严酷的月表建立环境舒适的人类栖息地。

在阿波罗计划的时代，建立永久基地似乎势在必行，尤其是为去往火星做准备。然而，当计划制定具体方案的时候，这两个目标的前景却越来越惨淡，似乎总要到 20 年后才能实现。太空竞赛只是冷战的一种表现形式，此后两个超级大国就寻找到了其他方式展开竞争。

阿波罗 11 号登月半个世纪后，重返月球的兴趣再现，月球基地的建设方式和用途被加以严肃地讨论。建设定居点将是一项危险重重的艰难工程。除了工程建设的常规风险，在接近真空的环境作业也将使任何任务变得复杂；倘若太阳向地月系统进行“日冕物质抛射”，喷发大量放射性粒子，或者一颗靠近地球的

月球基地概念（左图）

建筑概念作品——欧洲航天局 / 福斯特及合伙人建筑事务所，2013 年

福斯特及合伙人建筑事务所作为欧洲航天局成立的联盟成员，致力于探索建造月球基地的可能性。这是他们的概念作品，展示一个处于建设中的具有多个圆顶的月球基地。圆顶将采用 3D 打印技术完成组装，并覆上一层月壤保护层。

小行星撞向月表，似乎宇航员们都将没有任何防护手段。

任何基地的设计都必须应对比地球上任何地方都更为极端的环境。探险者即使深入南极腹地，至少也可以自由地呼吸外面的空气，处于地球厚厚的大气层下，不受来自太空的各种危险的伤害。与此相反，月球基地需要被保护，需要对抗气温的剧变、辐射和小行星的撞击。这意味着我们要用月壤覆盖基地或者利用空洞的熔岩管建设地下基地，后者类似生活在地球的洞穴里。

月球基地的拥趸强烈主张原地有效取材，依靠月球生存。储存在月球两极月壤中的水可供饮用，也可以用来生产火箭燃料或者提取呼吸所需的氧气。极地的某些地点近乎终年享有日照，太阳能能够提供理想的能源。实验室的实验表明最取之不尽的材料——月表的岩石和尘土——可以制成月球混凝土，为从地球飞往月球的补给任务节省宝贵的负载。

20 世纪 50 年代后，每个年代出版的太空探索的书籍无不配以月球车和宇航员挖掘材料的插图，画面背景则是员工宿舍的圆顶和太空船发射降落场。月球基地的想法并不新颖，但也许只有某位作家，或者我们的孩子能活着看到它实现的那天了。

地球卫星上的探索者

纸本水彩——罗恩 · 德波斯基，约 20 世纪 60 年代

在阿波罗计划的时代，建立月球基地看起来似乎容易实现得多。一个不断被提及的想法是利用太阳能提供能量——极地某些区域几乎终年都有阳光。这幅图中一位宇航员戴着护目太阳镜，看上去几乎像是在度假。

月球上的家庭玩乐（右图）

彩色石印画——创作者未知，约 20 世纪 60 年代

在 20 世纪 60 年代，只需稍微发挥一下想象，就可以完成从月球基地到旅游胜地的跨越。这幅插图展示了一家四口在玩球类和跳背的游戏，尽情享受月球的低引力环境。这和如今私营企业想要开发火星商业之旅的野心没有太大的区别。

斯坦福圆环的外观（上图）**和内景**（右图）

宇宙殖民地构想

木版油画——唐纳德·E. 戴维斯受美国航天局委托创作，

1975—1976 年

1975 年美国航天局在斯坦福大学举办夏季设计研讨期间提出这个宇宙殖民地的构想。圆环的直径超过 1 英里（约 1.6 千米），可以看到一架航天器正在飞越它。它的内部可容纳一个居住密集的城郊的人口数量。

起源

月球是如何诞生的

BEGINNING
HOW THE MOON WAS MADE

倒映在海面或湖面抑或有云彩飞掠而过的月亮，通常是宁静——完全的静谧——的象征，与我们忙碌的地球生活是两个世界。然而这颗距离我们最近的卫星和我们居住的世界却拥有共同的暴力的历史。

大约45亿年前，太阳和构成我们太阳系主体部分的行星是由一团气体和尘埃在重力作用下坍塌而形成的。随着物质密度增大，温度升高，达到氢聚变成氦的程度，我们的母星在中间的位置应运而生。这种聚变——在核武器中会看到更具毁灭性的威力——释放出巨大的能量，推动太阳引擎自始至终地运转。

环绕太阳的云层如今成为一个圆盘，当中的尘粒互相粘连形成团块。几百万年的碰撞和引力牵引使这些团块结合成巨石。这些石头之间的碰撞会产生不同的结果：最为猛烈的撞击会使它们碎裂成更小的石砾，增加碎片的总量；缓冲的碰撞却会导致体积更大的物质形成。大约在太阳形成后的两百万年或三百万年，当前各个行星的内核已经形成，并不断地结合其他物质构成我们现在看到的世界的雏形。

多数行星都有天然的卫星。木星和土星这样庞大的气体行星拥有几十颗卫星，某些卫星大到可以容纳火山和冰层覆盖的海洋，其余的则要小得多。可是，如果将体积小得多的矮行星冥王星和只有它一半大小的卫星卡戎剔除出去，地月系就显得与众不同：因为我们的近邻只有我们这颗行星的四分之一大。

有关地月系的起源，历史上有这样一种看法，认为两个世界一起形成，地球牵引着月球。另一种说法提出，原始的地球旋转速度过快，导致它的部分物质飞离出去形成月球，留下大部分物质演变成地球。自 20 世纪 70 年代始，研究行星的科学家们对阿波罗登月任务带回的样品进行分析，拼凑成一个新的模型。在这个版本中，一个火星大小的天体（命名为忒伊亚）与地球相撞，至少两颗行星的最外层都完全汽化，喷射进宇宙，留下质量更重的熔化的内核和上层覆盖的岩石融合在一起。数月内，环绕着融合的行星的部分碎片云团聚拢形成一颗新的卫星——月球——这个过程大约在碰撞发生后的一百年内完成。

承担阿波罗计划任务的宇航员和苏联探测仪带回地球的月岩都指向这个共同的起源。月球表面的物质与地球内部相似，不同质量的氧原子的比例（同位素比值）也相近。两个星球虽然受到后续事件的影响，但这个相似之处却足以说明忒伊亚与原始地球的直接相撞，如此强烈的撞击事件在如今的太阳系中几乎不可能发生。

撞击发生之初，地球和月球都是无法辨认的熔化的世界。星球的表面历经一亿年冷却下来，地球上的海洋开始形成。化石证据表明生命在这之后两亿年才出现。

月球最初距离地球近得多，大约相距 12000—19000 英里（约 20000—30000 千米），如今距离拉开到约 250000 英里。早期地球的旋转速度更快，环绕地轴一圈只需 6 个小时。海洋形成后，两个天体之间复杂的相互作用和海洋的潮汐将能量输送给月球，将它推离地球，地球的旋转随之慢下来，每天的时间变长。时至今日，地球每天 24 小时，月球持续以每年 1.5 英寸（约 3.8 厘米）的距离远离地球。体积如此庞大的卫星给地球的生命带来了福利：它稳固了地球自转轴的倾斜角度，从而防止更为剧烈的（自然的）气候变化发生。

地球的引力场对月球还产生了另外一个影响，即永远锁定月球的一面朝向我们。基于月球相对其他星体所处的位置，月球绕地球一周大概需要 27.3 天，月球以同等的速度自转，因此一天是同等的时长。月球公转的轨道不是完美的圆形，稍有倾斜，从月出到月落会为我们呈现略微不同的视角，因而在天平动的共同作用下，随着时间的流逝我们会逐渐看到月表约 59% 的面积——而剩下的 41% 则永远不会被地球捕捉到。

地球最初历史的追溯需要科学探查工作：大部分证据藏在累叠的岩石层中，埋在沙漠的黄沙之下，或者被植被覆盖。月球的情况则不同。因为月球几乎没有任何大气层笼罩，月表大部分区域每个月都经历着烘烤和冷冻的循环，却没有一丝风从上面吹过，也没有下过一滴雨。这块处女地是一块化石，记录了 40 多亿年前的历史，真切地提醒着人们它形成之初的暴力事件。

撞击坑是月球最显著的特征，即使在最小型的望远镜中也清晰可见。多数撞击坑大约形成于 40 亿年前开始的“晚期大撞击”中——当时小行星大小天体互相碰撞的频率高出如今许多倍——太阳系即将固定成为现在的格局。月球缺乏大气的保护，至今仍然受到撞击，只不过大规模的撞击事件几乎没有了。撞击坑的大小从微乎其微的凹点到月球背面延伸 1500 英里（约 2400 千米）的南极 - 艾托肯盆地不等——后者是太阳系最大的撞击坑之一。根据形成的具体情形，撞击坑的外形各有不同。最大的撞击坑在中心地带往往有撞击发生后表面回弹拱起形成的山脉。另外有台地，自身就是坑洞，或者拥有光滑的地表，曾在上面流淌过的熔岩如今已经冻结。最年轻的撞击坑，如哥白尼坑和第谷坑，拥有淡色残骸溅落到周边深色区域的辐射体系。

月球上发生的一些最剧烈的事件是创造出巨型盆地的大撞击。液态的岩浆最终填平了月球的表面，这主要发生在面朝地球的一面，因为地壳更薄，岩浆更容易穿透地表。冷却下来的岩浆造就了那些起初被称为“月海”的肉眼清晰可见的黯淡区域。其中最著名的静海（宁静海）是阿波罗 11 号的着陆点，面积延伸约 560 英里（约 900 千米）。它和多数位于近地一面的其他月海一样，即使没有望远镜肉眼也能轻易辨认（对于北半球的观察者，它在满月时分出现在月亮圆盘的右侧顶部）。月球背面更为厚实的地壳则赋予它截然不同的面貌，月海仅存在于零星的几处。

月表看来更白的部分是高地区域。这些更崎岖的地形包括真正的山脉，某些山峰高出月球“平均”地势 2.5 英里多（约 4 千米），比周遭的地势高出 6 英里多（约 10 千米）。这些高峰和山脉出现在撞击盆地的边缘地带，它们剧烈迅速的形成过程完全不像缓慢崛起的地球山脉。

在某种程度上，体积较大的（固体）行星保持液态内核和大型地质活动的时间长于较小的天体。分布在地球诸多区域的火山和地震提醒着我们一个活跃的内部的存在。月球上的震动规模更小，持续的时间却很长，通常是由滑坡和陨石撞击导致的。然而，至少在月球历史的第一个 10 亿年，地质进程是塑造月球的重要力量。除了填充月海的熔岩，熔岩管也能在地球找到类似的对应存在。炙热的液态岩石切下长长的疤痕，有的暴露在地表（所谓的“细沟”），有些在地下留下圆筒状的疤痕。直径长达数千米的穹顶标志着熔岩喷发的地点，皱脊是岩浆冷却收缩的结果，“直壁”式的断层则是大块岩石发生移动造成的。月球距离地球这么近，所有这些都可以在小型望远镜中清晰可见，我们也能轻松构想它的地形地貌。

从任何角度上衡量，月球都是一个环境极度恶劣的天体，温度从白天的 250 华氏度（约 120 摄氏度）下降到夜间的零下 240 华氏度（约零下 150 摄氏度）。南极附近某些撞击坑的腹地，如艾特肯的腹地，几乎从未见过日光，地表因此终年寒冷。这种酷寒将月球历史上与之相撞的小行星或彗星可能带来的水凝固成冰，封存在月壤中。

我们对月球的自然史达到前所未有的了解，知道它充满暴力的起源和成为如今我们看到的相对平静的世界的演变。人类有朝一日重返月球，这些有关它的地形、自然危险、自然资源的知识都将为未来几十年新的登月计划提供轮廓和基础。

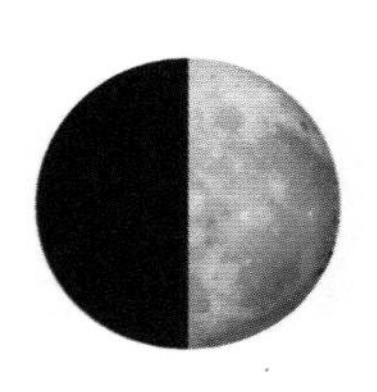

信仰

月亮如何让我们一直为它痴迷

BELIEVING

HOW THE MOON
HAS FASCINATED US
THROUG HHISTORY

在最具感染力的一首英文诗歌——特德·休斯的《满月和小弗丽达》中，一个只会说几个单词说不了整句的稚幼女孩看着乡间夜景，突然一声又一声地叫起“月亮！”，她的兴奋是那么纯粹、天真，是人类独享的激动。小女孩的眼睛被挂在天上的明亮的圆盘——离我们最近的天体——吸引，跟之前的许多人一样彻底被它迷住。休斯的女儿弗丽达在20世纪60年代突然见到月亮，让她的父亲跟着满心欢愉受到触动，写下这首充满温暖而丰富的夜晚意象的诗歌，当时她不会想到自己触及了某个普遍的现象——我们对这个同时是计时器和灵感源泉的天体的痴迷和依赖。

月亮吸引我们，让我们入迷，既清晰可见引人入胜，又似乎触手可及。与之相反，太阳——虽然它坐镇天空，使地球生命成为可能——却不能肉眼直视，只有一天开始和结束的零星时段例外。但是我们对赏月热情不减，甚至可以辨别出它坑坑洼洼的表面、颜色黯淡的山峦和山谷。月亮让我们觉得似曾相识，我们因此而对它产生一种特别的情结。在晴朗的夜晚，尤其是当月亮处于上弦月和下弦月，山脉和撞击坑更为突显的时候，人类的肉眼甚至不用借助望远镜就可以识别出月表的某些结构。这些让我们想到地球家园的构造：我们地球上有山脉、山谷，甚至陨坑，所以月球表面和我们脚下踏足的这块土地也许没有太大的不同。我们开始绘制月球图时，会挑选呼应我们这颗星球的名称：雨海、云海、亚平宁山脉，如此等等。月球有海洋、山脉、山谷，我们看它就像在看一面苍白的镜子，从中看到了自己的映像。

月球具有一种从地球上看到的其他恒星或者行星都不具备的清楚透彻的特质。我们可以看到月亮清晰映衬在夜空中的明朗轮廓。我们的双眼和双手、画笔和画刷可以描摹出它的轮廓、图案和阴影。月亮提供了视觉上的清晰度，自古以来激发人类的想象力和创造力。然而月亮又是一个充满矛盾的存在。它看似温柔无害——在黑暗中提供光亮，持久地陪伴我们，将旋转的地球稳固在自身的轨道上，牵引我们的海洋赋予它益处多多而且可以预测的节奏。然而它又总是处于变化的状态，时显时隐，时圆时缺。由于大气中的尘埃和月亮高出水平面的高度，它的颜色可以从银白转变成蓝色、橙色、黄色、紫色，甚至血红色。我们看到的月亮的尺寸也在改变，因为它的轨道不是完美的圆形，而是椭圆形，这意味着它与地球的距离会发生显著的改变。在造成这些变化的原因被人类了解之前，它们是如何被解读的呢？

人类自开始创造活动起，天空就在艺术、神话、传说、传统、信仰体系中扮演重要的角色。月亮不断变化的形态为最早期的文化提供了原始的计时方式：在史前洞穴的骨头和岩石上我们发现了可能描绘月相的雕刻、图画和标记。比如，大约 15000 年前，克罗马农人在法国拉斯科洞穴的岩壁上绘制由点和方格构成的线形图案，被认为是在描绘月相。倘若这些图案真的是早期的月历，那它们正反映了人类对时间和由生到死再到新生的循环的初期认识。公元前 5000 年左右，美索不达米亚和亚述文化也将月亮的活动观察记录下来。最近在德国出土的约公元前 1600 年铸造的内布拉青铜黄金星象盘，展示的有可能是一弯新月和一轮满月，它很可能被当作简易的星图和仪式用品使用。

如果说，这些对月亮外形和空中运行轨迹的观察最终带来了最初的月历系统的诞生，那么月亮的阴晴圆缺就使它在众多文化中和死亡、犯罪、危险、疾病产生关联。比如，月亮通常出现在中世纪或文艺复兴时期描绘基督之死的图像中。在扬 · 凡 · 艾克约 1400 年创作的《耶稣受难》中，我们可以看到白天渐亏的凸月的最早写实图像之一，耶稣被长矛刺穿身体时，不怀好意的月亮正悬在髑髅地上空。有时，某些状况比月亮的形状变化更让人惊慌失措，即月亮会挡住赐予生命的太阳光片刻，吞食部分或全部太阳。这种极端的现象在许多文化中被认为具有灵性意义，或者被赋予深层的象征或预言意义。“吞食”一词源于希腊语，意指“抛弃”或“省略”，在这个语境中似乎意指整个天体黯淡无光，抑或指地球和人类被指引他们的光明——太阳和月亮——抛弃。

月亮自身变黑发生月食，会让古代中国人感到恐惧，害怕死亡，他们相信有一条龙正在吞食月亮。众多古代文化会举行仪式，试图吓走类似的黑暗势力。这些仪式通常包括制造噪音和做出狂野的姿势。中国人啷啷敲击镜子把吞食月亮的东西吓走，镜子影射月亮的银色面庞；非洲的某些部落则往空中抛沙子。罗马人选择抛掷或舞动燃烧的火炬，试图重新点燃月亮的火焰。在更早的巴比伦文化中，为了防止被太阳或月亮抛弃，人们搭建神坛，组织喧闹的游行，游行队伍乓乓敲打陶罐，演奏响亮的乐器，发出地动山摇的呼喊。月亮被吞食的想法通常与危险的野兽联系起来。在北欧和某些东欧文化中，对应的野兽是嗜血的狼或者其他类似狗的生物，月食中月亮呈现的微微的红色通常被解读成月亮被怪兽吞食流血致死。在基督教中，天空光线的暂时消失也是具有重大意义的象征符号，这源于创世神话清楚地将驱逐黑暗的光与生命联系在一起。比如，《马太福音》在基督第二次降临之前有一段描绘月食导致宇宙紊乱、光亮消失的文字："那些日子的灾难一过去，日头就变黑了，月亮也不放光，众星要从天上坠落，天势都要震动。"在某些被记录下来的事件中，月食真的改变了历史的轨迹，也许就不足为奇了。修昔底德讲述雅典军队的统帅尼西亚斯的故事，这位统帅有些迷信，公元前 413 年，他因为刚刚目睹了一次月食就下令延迟对叙拉古人的进攻。他的敌人没有在意这个天象，于是率先攻击赢得了战争。

通常，和太阳结对的月亮是人类文化最古老同时也是使用最为频繁的符号之一。基于天体在空中的显著存在和它们对地球生命的循环和趋势产生的重大影响，我们稍作想象，便能理解古人在观察天象时必定会感受到的惊奇，明白这些天体如何逐渐化身为受人膜拜的神祇。

我们在波斯、埃及、中国、印度、希腊和罗马文化中发现了将月亮作为天体描绘的程式化的几何图案，伴随这些星图、形状、图表应运而生的还有数不胜数的月亮的人格化神祇。美索不达米亚的月神南纳（辛）是史料记录最早的月神之一，曾在约公元前1750年的一首苏美尔诗歌《伊南娜下冥界》中被提及。在美索不达米亚文化中，南纳是太阳神的父亲，在描绘时往往附添一弯月牙的特征，象征物是公牛。古埃及拥有数量繁复的月神，诸如代表月亮在空中行走轨迹的“穿越者”洪苏、时间神透特、伊西斯和奥西里斯这一对夫妻。他们代表的意义和象征略有不同，但他们的生命通常反映月亮的周期，他们的标志当然几乎都是月亮的形象。比如，奥西里斯的头饰通常是一弯新月托起一轮满月的造型。

希腊罗马文化孕育出类似体系繁复的月神，但是这里的月亮几乎无一例外都是女性的形象，这主要源于月亮周期与月经周期的呼应。菲碧、赫卡忒、狄安娜、阿尔忒弥斯、塞勒涅都是不同化身的月亮女神，通常代表自然、狩猎、黑夜、魔法、贞洁、分娩以及女性特征。她们往往以年轻健美的全裸或半裸的女性形象出现，佩戴有相称的月亮符号和标记。其他文化还有很多月神的例子，这里不一一赘述，但他们多数都表示时间整体、生命周期、黑夜这些侧面。基督教继承并再次利用了前人信仰体系中的多数象征，利用古代神话传说适应自身的信仰和神圣意象。我们看到月亮再次成为女性贞洁的显著符号——尤其在罗马天主教中，圣母玛利亚往往是脚踏一瓣月牙的形象。

我们对月亮的痴迷衍生出的神话、故事、象征历经千年的洗礼在不断发生蜕变。月亮作为意象使用远不限于宗教领域。在基督教诞生之前，异教语境和民间传说中都能找到它的身影，并且都具有一系列积极、消极、自相矛盾的象征意义。它在哥特式的想象和小说以及现代童话（很多故事的素材来自年代久远的民间传说）中扮演极其重要的角色，比如奠定情绪基调，充当光源，预示重大事件的发生并作为欲望对象存在。在 19 世纪末和 20 世纪初盛行给童话书配插图的时代，我们看到众多艺术家热衷于利用月亮和照亮的夜空作为构图元素的可能性，北欧艺术圈尤为如此，比如凯 · 尼尔森或者埃德蒙 · 杜拉克的圈子。在他们的插画中，月亮通常作为一个美丽静谧的焦点存在，给场景增添一种神秘朦胧的氛围，或者预示叙述中一个重大时刻的到来。这些故事中的女性通常也与月亮相仿或者具有月亮的特质。譬如在罗马尼亚玛丽王后创作、杜拉克绘制插图的魔法故事《梦中的梦者》（1915 年）中，美丽的北欧冰美人亮相时有这样的描述："壮丽的黑夜、灿烂的光辉、辽阔的雪原、荣耀的月亮、繁众的星星——所有这一切都在走近的美丽女子面前黯然失色。只见她通身洁白，闪闪发光，灿烂耀目得令人无法直视。"

月亮作为文化主题和月亮自身一样悠久，同时也在发生持久的变化。曾极具感染力地描绘"天堂的锦缎"的诗人威廉 · 巴特勒 · 叶芝指出"月亮是最变化多端的符号，不仅源于它自身就代表变化。作为江河湖海的女神，她掌管本能的生命以及万物的创造……"它是唯一一个成为无数神话和类比的创作源泉的天体。由天上这面与众不同的镜子的隐秘天性引发的象征意义，只有它的对手兼同伴——太阳——才能与之比肩。我们对月亮满怀敬畏，它宁静的美丽和可察觉的预知性令我们神往，然而有时它的不可预知性和消失的行径又令我们心生恐惧。柔和含蓄的光亮和扮演计时器的角色使它成为我们永恒的伴侣，它是寄托探究、欲望、幻想、希望，背负恐惧和疑虑的最普遍的事物之一。它适合多种语境、多样故事，是丰富的视觉和概念的源泉。我们出于原始的本能抬头望月，并且命名它、探索它、触及它——在自然科学和精神的两个层面。几乎每个活过的人都曾看过月亮。人类过去、现在和将来都会像小弗丽达父亲的诗歌中的女儿一样本能地受到空中最令人沉醉的天体吸引。而这恰恰让首个人类在荒凉的月球上踏下的足印成为意义重大的图像。1969 年我们打破那份隐秘的寂静留下我们的印迹，只诱得我们再次叨扰的可能性。

探索
观月简史

EXPLORING
A BRIEFHISTORY
OF OBSERVING
THE MOON

月亮是夜空中距离我们最近、最明亮的天体，观月是我们共享的人类遗产。绝大部分时候它是夜空中唯一一个大于光点的存在。它从新月到满月再缩至残月的过程似乎一直在改变形态，夜复一夜地在空中留下显著的运动轨迹。月相的月份周期是天然的计时器，理解月亮环绕地球的运动是了解范围更广的太阳系结构的第一步。

月球，我们最近的邻居也是屈指可数的几个单凭肉眼就能看到特征的天体之一。史前的考古体系说明了它的重要性，人类自会说话后不久必定开始讨论它的性质。最早的观测者利用月亮的周期，在遍布世界的古遗址（最著名的当属巨石阵）辨认月亮在空中的运动，且多个文化视月亮为神明。

最令人注目的史前发现之一似乎是一幅 5000 年之久的

月亮图，雕刻在位于爱尔兰的那欧思长廊式坟墓墓壁上。图上标记的图案与肉眼可见的月亮上颜色暗沉的地形区域——月海——吻合。这幅图连同有 3500 年历史的描绘星星和新月的内布拉嵌金青铜星盘（参见 66-67 页），和新石器时代的遗址一样，都充分展示了月亮在古人心中的重要地位。

古代中国和巴比伦的天文学家率先尝试创建体系，计算月亮和其他天体的位置。早在公元前 2300 年，中国就设立了天文台，随后的千年内巴比伦也创建了天文台，一半为了记录时间，一半为了占星。巴比伦的天文学家首先记录下沙罗周期，描述月亮在 223 个月的时间跨度内的运动。两个文明都认识到月食和日食的发生是有规律有周期的，在对它们的预测上取得了一定的成功。巴比伦文化认为月食或者日食预示国王驾崩：对它们进行预测既是国家大事也是科学的成功。

在古典时代，古希腊人首先对月亮的性质进行科学的思考，并预测它在空中的位置。在一系列革命性步骤迈出的开端，希腊哲学家提出月亮通过反射太阳光线发光的观点，推论月食是月亮进入地球的阴影导致的现象。后来的希腊人，如活跃在公元前 3 世纪的萨摩斯的阿里斯塔克斯，凭借数学才能和纯粹的天赋首次合理估算出这个相邻天体的尺寸数据，包括月亮的大小和地月距离。阿里斯塔克斯首次提出以太阳为中心的模型即“日心说”，但是经柏拉图、阿里斯多德以及托勒密改良的以地球为中心的模型即“地心说”占了上风。

在公元 2 世纪托勒密描绘的体系中，月亮处于围绕静止的地球旋转的天体中距离地球最近的位置。虽然这个模型的可信度要靠给环形轨道增添复杂的圆圈（所谓的本轮）才能解释空中月球和行星的运动，但它却与早期基督教的教义呼应，一般涉及的《圣经》章节被解读为地球不会移动的意义。

托勒密和亚里士多德的思想统治自然科学的大半江山直至文艺复兴时期。亚里士多德认为，月亮反映了宇宙的完美——但因为陆地环境遭到破坏，会出现肉眼可见的斑点。作家普鲁塔克对月球的生物有自己的推断，形成了不同的观点，认为这些斑点是深深的裂缝的阴影，然而最终还是亚里士多德的想法赢得上风。

在中世纪早期，欧洲的科学思想裹足不前。望远镜发明之前一些最出色的天文贡献反而出现在新兴的伊斯兰世界，伊斯兰学者在希腊人遗产的基础上再接再厉。伊斯兰人运用的历法体系是以观察新月后的月牙为基础的，月牙标志着每个月的开始。在诸如斋月这样的伊斯兰历的重要节点，望见新月更具重要意义标志着开斋节这样的日期到来。穆斯林天文学家受到预测这些日期的需求的驱使而勤奋地观测天象，同时也出于一种受《古兰经》鼓励的探究夜空的普遍热情。

自 9 世纪始，在中东、中亚、北非以及西班牙的属地，四分仪和星盘之类的仪器便被用来计时、航海和测量空中天体的位置。伊斯兰天文学家运用这些器械改进了地月距离和月亮尺寸的测量数据。伊斯兰天文学的巅峰代表是望远镜问世前创建的世界最佳天文台之一，它位于现今乌兹别克斯坦的撒马尔罕。该天文台由天文学家兼帖木儿帝国统治者乌鲁伯格建造，是人类建造的最大的四分仪之一。它对月亮、恒星、行星位置的测量达到了前所未有的准确度。伯格和其他人的工作也为后来西方天文学家探求理解月球和行星的宇宙运动提供了助力。

在几千年的时间里，天文知识从东方世界和中东地区流出，途经古希腊和中世纪的伊斯兰世界，在中世纪晚期传入欧洲。（天文学和月亮周期也是中美洲文化自成体系的构成部分。）那时欧洲的天文书籍包括丰富的太阳系模型插图和展示月相的图解，这些仍然局限在当时占统治地位的地心体系内。15、16 世纪间，月亮的特征，至少光凭肉眼就可见的特征，首次在美术中加以呈现。

尼德兰艺术家扬 · 凡 · 艾克在 1420—1437 年的三幅画作中记录下月亮白天出现的样子，最著名的当属《根特祭坛画》；列奥纳多 · 达 · 芬奇在 1505 年和 1508 年间绘制了月亮的笔墨素描；在 16 世纪初，天文学家兼伊丽莎白一世御医威廉 · 吉尔伯特单凭肉眼观察绘制了一幅稍微粗略的月亮图。吉尔伯特的满月图上斑块熟悉可辨，达到了不借助望远镜肉眼观测的极限。

天文学和我们对月球的理解即将面临翻天覆地的变革。1543 年，随着波兰天文学家尼古拉 · 哥白尼的著作《天体运行论》的出版，宇宙日心说被提出，人类对宇宙以地球为中心的理解经历了转变。在哥白尼的模型中，行星和月亮仍然在圆形轨道上运行，但地球不再是宇宙的中心。约翰尼斯 · 开普勒、伽利略 · 伽利雷以及后来的艾萨克 · 牛顿在内的科学家引入运动、引力、椭圆轨道的理论完善了这个模型，使它沿用至今并适用于多数情况。这种思想无异于另起炉灶。它挑战了基督教会的教条，从此降低了地球的地位，并最终让科学家得以了解地月系统的机制和演变。

这次被称为“哥白尼革命”的认知变革得到了问世的望远镜的援助，后者的发明是17世纪的大事件之一。该项发明使人们对夜空的探究变成一门现代科学。之后的4个世纪，我们对月亮的理解比之前有了更大的进展：在太空时代之前，望远镜就使精微观测月表地貌成为可能。

有更早期的版本主张，荷兰眼镜商汉斯·利普歇于1608年首先获得了一架简易望远镜——别称“荷兰树干”——的专利。这项在一根管内放入两枚镜片的革新，使观察者可以看到物体的更多细节，比如在天文学领域可以看到肉眼看不到的行星。同年，当时还鲜为人知的英国天文学家托马斯·哈里奥特在后属伦敦西区的塞恩宫绘制了第一张借助此技术完成的月球图。在接下来的10年里，哈利奥特在诺森伯兰伯爵的资助下继续绘制了月球图，这些月球图数十年都未曾被人超载。他和其他人出色地克服了初代望远镜狭窄的视域和糟糕的光学。

次年，在意大利北部，伽利略·伽利雷公开了若干幅描绘月球特征的图画，让人联想到现代照片。他受益于艺术训练，将观测的结果记录下来。他的兴趣范围也不局限于天文学：他还研究引力、物体的运动、数学和工程学。伽利略受人瞩目，愿意支持哥白尼的日心说，这使他与天主教会和教会推崇的正统地心说发生冲突。伽利略最终受到威胁和折磨，在家软禁，但他的思想却得以幸存并传播出去。

天文学家们不断寻求构建更详细的月表知识，虽然他们的努力颇费时间，但是逐步改进的镜片和望远镜，还是为人们带来了效果更佳的月球图。在格但斯克工作的约翰内斯·赫维留花费了4年时间绘制月面图，于1647年出版了《月面学：描绘月亮》。他是首个绘制天平动效应的天文学家。天平动能够让地球上的观测者随着时间的流逝看到月球背面的一小部分。

在同一个世纪，巴黎天文台的创始人之一乔凡尼·多美尼科·卡西尼绘制了第一张被形容为“科学”的月面图，上面描绘了山脉、陨坑、射线系统和月海。似乎是兴之所至，他在图里添了一个有名的装饰——一个可能是他妻子的神秘女子的头像和一个影影绰绰的心形图案。卡西尼的同代人乔瓦尼·里奇奥利给月球的地貌特征冠以沿用至今的现代名称。

在近300年的时间里，天文学家遵循着绘制和参考月球地形特征图的传统。在没有摄影技术遑论电子成像的年代，这是记录他们对月表观察成果的唯一方法。

绘制整个月表全图是具有挑战性的任务（任何透过中号望远镜看月亮的人都将意识到这一点），所以很多观测者会专注一个小区域内的特定陨坑、山脉或其他特征。然而，即使最为细致入微的观测者也会提出一些现今听来异想天开的结论。因发现天王星闻名的威廉·赫舍尔（同时是英国皇家天文学会的第一任会长）记录下他从1775年至1807年对月亮的观测结果。他借助英格兰巴斯家里的小望远镜和位于斯劳的一架大望远镜，提出他以为的活火山乃至植被猜想，描述出伽桑迪撞击坑附近有一片树林。基于此，赫舍尔认为月球肯定有栖息的生物。

这也许造就了月球天文学史上最有意思的片段之一，其中涉及威廉的儿子约翰，他在开普敦附近建立了一个天文台。1835 年 8 月，在约翰毫不知情的情况下，纽约报社《太阳报》刊登了一系列描绘月球新发现的文章，其中包括一条长达 300 英里（约 480 千米）的石英矿脉、湖泊海洋，外加直立行走、生有双翼的类人生物。小赫舍尔本人那年年尾听说了这个玩笑，据说起初也不禁莞尔，但两年后还是向姑妈（自身也是知名的天文学家）卡洛琳抱怨了他收到的信件。

观测者们虽然付出各种努力使他们的工作标准化，但他们绘制月表图采用的方法却大相径庭。这种状态随着 19 世纪 20 年代摄影技术的发明得到彻底的变革。最初的摄影技术非常烦琐，即便如此，路易 · 达盖尔还是在 1839 年拍摄下第一张新月的照片。一年后，约翰 · 威廉 · 德雷伯拍下满月的照片。摄影最终允许科学家们以一定速度记录月亮的特征，创造永恒和合理客观的留影。

20 年后，天文学家也开始利用新兴的光谱科学解析月表的构成。棱镜开始和后来的光栅与望远镜结合应用。他们将来自太阳、月亮、恒星、行星的光线分散成彩虹，映衬在这些颜色之上的暗色线条揭示了化学元素和更为复杂的矿物质的存在。在伦敦工作的两位科学家玛格丽特和威廉 · 哈金斯使用这种技术证实月球没有任何重要的大气。另一个证据是当月亮的暗影移到恒星前面时，恒星会瞬间消失——倘若存在大气层，恒星会有逐渐黯淡的过程——且月表的地貌特征几乎从未发生变化。

在同样的时代，在月表探测热能也成为可能。1856 年，苏格兰皇家天文学家查尔斯·皮亚兹·史密斯首次探测到来自月球的红外线。红外线可以很好地说明温度。10 年后，在爱尔兰工作的第一代罗斯伯爵劳伦斯·帕森斯展示月表温度的升降是太阳作用的结果，月亮本身并非热源。改进的红外技术后来定位了月表夜晚温度持续高出周围区域的热点，科学家对月壤的特性和它保存热度的机制逐渐有了更好的理解。

在 20 世纪，天文台开始雇员，大学也扩展了相关研究活动。到 20 世纪 60 年代宣布阿波罗计划时，地球表面的月亮观测开始被太空探测仪超越。尽管如此，还是有人付出极大的努力从地表绘制月表图：其中一个值得注意的成果来自埃文·惠特克，他绘制了最早的精准月球南极图之一，后来调到美国航空航天局以确定可能的着陆点。

一个世纪前构成几乎整个天文社群的无偿业余爱好者继续发光发热。帕特里克·摩尔爵士在 1953 年出版了他的经典书籍《月球指南》，像他这样的作家为普及月球研究提供了很多帮助，而这至今仍是业余天文爱好者奋斗的主要目标。摩尔和其他人研究了所谓的“月球瞬变现象”的报道，主要是一些业余天文学爱好者观察到月表的颜色变化或闪光。这些研究的发现仍然充满争议，也许是由从地下逃逸的气体导致，也可能是月表和太阳辐射的相互作用或者撞击事件造成的——抑或是地球大气的变化带来的，跟月亮一点关系也没有。

如今从地表观测月亮不再和过去一样是头等重要的大事了。过去 20 年建造的巨型望远镜如智利的超大望远镜（简称 VLT），设计的初衷都是瞄准更为遥远的目标，比如早期宇宙的星系，鲜少用来观测离地球更近的天体。不过，有的时候它们也试用在月球上探索成像的清晰度。2002 年摄制的塔朗第乌斯地区的图片展示了长达 435 英尺（约 130 米）的地貌特征，至今仍是从地球拍摄到的最清晰的图片之一。（但这仍远远不够捕捉到阿波罗计划的登陆者，让那些说阿波罗计划是假的的造谣者闭嘴，但月球轨道上的航天器倒是清晰可见。）

虽然月亮仍是初次使用望远镜的人们最喜欢观察的对象（如果你还没有亲自做这样的尝试，作家们强烈推荐你试一下），但现在地球上任何一处天文台都无法与月球附近的航天器发送回来的图片争锋对抗。尽管如此，太空时代之前数世纪的工作，包括肉眼观察月亮、利用仪器测量它的位置、借助望远镜绘制月表图等，还是给人类留下了一笔丰厚的遗产。这项工作使一个天体从神转变成一个世界、一个计时器、一个导航工具。我们这位近邻的地貌特征显现出庐山真面目——撞击坑、山脉、山脊、穹顶——使它成为太空任务的目的地和人类可以造访的地方。

浪漫

月亮作为意象，具有象征性和崇高性

ROMANTICIZING

THE MOON AS
IMAGE;SYMBOLIC
AND SUBLIME

想想科学领域月亮的伟大图片，你可能会想到20世纪60年代阿波罗计划中拍摄的某张照片。想想科幻作品中的月亮图片，很多人仍然会联想到20世纪的一部影片或者一张花花绿绿的书封。想想艺术当中的月亮，尤其在欧洲，你可能会想到一幅由约瑟·马洛德·威廉·透纳、卡斯帕·大卫·弗里德里希、菲利普·詹姆斯·德·卢塞堡、约瑟夫·赖特·德比之类的画家创作的夜景图。19世纪末20世纪初涌现出大批令人震撼的描绘月亮的绘画作品，数量超过其他任何时期。德国画家卡斯帕·大卫·弗里德里希画了数十张人物画，其中有些如今成为这一时期最广为人知的作品，他的人物或孤身一人或三五成群，都背朝观众面向更为开阔的夜景，静静地仰望月亮。透纳则将诸多水彩和油画作品浸润在蓝色的月光下，偏爱月亮创造的神秘氛围。

这些月景并不总是静谧美好的。在同一时期，我们还发现了众多描绘天灾人祸的戏剧化的可怖图景，诸如船难、山崩、毁灭性的风暴或者是大山夷为平地的恐怖一幕，这一切都在明亮的月光下发生。这一时期的诗歌和小说也不例外，月亮几乎被当作一种道具和主要元素来营造情绪，暗示危险或厄运，或者仅仅以戏剧的形式充当场景的照明工具。无独有偶，当透纳、弗里德里希和其他画家不亦乐乎地大量创作月景时，一首比其他任何古典音乐都更呼应月亮的乐曲被谱写出来：路德维希·凡·贝多芬于 1801 年创作的《第十四钢琴奏鸣曲》以《月光曲》的俗称为人熟知，这是一首由三个乐章构成的让人黯然神伤的曲子。把它和月亮联系起来的不是作曲家本人，而是一位诗人朋友，他在多年后谈到，这首曲子著名的第一乐章让他联想到倒映在琉森湖上的月光。

为什么当时的人们对月亮如此着魔？答案大致可以追踪到浪漫主义时期风靡一时的态度和美学，在经历了一段漫长的专注科学、研究和所有可以测量分类事物的时期后，浪漫主义作家和艺术家变得越发关注感受、情绪，以及人类如何适应更大的精神和自然世界。因此风景，尤其是戏剧化的夜景，在文学和视觉艺术中常被用来表达情感营造气氛，就不足为奇了。18 世纪是启蒙和理性的时代，它给我们贡献了绘图、钟表、地图册、分类学的分类体系、新的仪器设备、学院，甚至氦气球样式的飞行器。我们几乎探索了整个地球，现在我们正要试图搞懂它。而这正是观点转向更为个人、更为人性的视角的原因所在。当你站在升空气球的极高位置俯瞰地面，人的身影很快会缩小成蚂蚁大小，事实上，原本从地面上看来如此庞大的整个人类世界也变得渺小得令人担忧。浪漫主义运动的风格和意象的选择，在很多方面都是对 18 世纪初期严格客观、以科学为中心的潮流的创造性回应。

月亮对画家的吸引力与风景画成为一种体裁尤其相关。肖像画和大场面的历史画统治艺术世界数百年，但是到了 18 世纪后期，把你看到的——你周围的真实风景——画下来，很快成为一种消遣风靡起来，只要你有钱，就可以轻松惬意地踏上意大利的壮游之旅，记录你的见闻。意大利风景和古典意象长期在欧洲文化中占据主要位置，优雅的白色建筑和装饰沐浴在阳光充沛的光景中。然而在去罗马的路上，18 世纪和 19 世纪勇敢的旅人们必须要克服一个主要的障碍：阿尔卑斯山脉。正是在这里，美丽和崇高在地理上相逢。

18 世纪初，在许多艺术家眼里，自然是一股强大的力量，是被标签为崇高事物的源泉。崇高是可以衡量、可以预测的美的对立面。它超出人类控制和推理的范围，是那些让我们肃然起敬、望而生畏、惊叹不已的构造和事件。对当时的画家或诗人而言，月食、海上月出或者月亮照亮阿尔卑斯山巅大块云层的壮观场面都能转化为承载崇高因子的画作或诗歌，月亮在其中不是制图和分析的对象，而是成为激发敬畏感的关键要素。早期描绘崇高的月亮的范例几乎可以在约瑟夫·赖特·德比每幅画中找到，他尤其注重明暗对比。之后当属透纳的作品，通常以高山或大海做背景。人们对崇高的兴趣一直到 19 世纪晚期仍不减热度，但往往附加道德寓意，比如约翰·马丁的以《圣经》为题材的皇皇画作，他们甚至还在画廊展出时辅以耀眼的灯光秀，使其更加壮观。在这个背景下，月亮奠定了场景和情绪的基调，就像现代剧院的舞台照明，帮助突出情感内涵，彰显情节的戏剧转折，最终起到娱乐观众的作用。

令人惊奇的是，尽管对月亮和天空的诸多描绘看似充满主观的想象，但浪漫主义的想象在很大程度上也是以客观科学为基础的。艺术家和诗人忙着和科学家一样仔细观察自然和宇宙现象。对很多人而言，工作来自自然并在自然中（露天）工作是很重要的，他们对自然现象进行了极其准确的研究，其中包括云、彩虹、日出、月相。德国剧作家兼诗人约翰·沃尔夫冈·冯·歌德就是浪漫主义者将科学和主观完美结合的一个很好的例子。他对月亮产生了浓厚的兴趣，并弄到了约翰·希·施罗德的巨著《月球地形图》（1791）的复印本，甚至邀请朋友到家里参加观月派对，自豪地宣称自己已经立起三架望远镜。但他写出的诗歌中，月亮照样无一例外都是爱情、性欲、偷窥，有时甚至是衰老和死亡的象征。他自己业余的月景素描是科学和爱情糅合的产物：既是对自然的观察，又蕴含深沉的忧伤，承载着他对挚友夏洛特·冯·施泰因的感情。这些微妙画作中的月亮成了他们之间极其私密的、象征爱情和友谊的语言。

月亮虽然有与死亡相关的矛盾一面，但它代表爱情和浪漫的另一面却自古延续至今。也许这跟月亮和夜晚的联系有关：月亮用熟悉亲切的面盘照亮黑夜，相比太阳的刺眼光线，它提供了一种更为含蓄诱人的光亮。也许是源自月亮和女性特质的联系：在希腊罗马的宗教象征体系中，月亮的化身一般是处女女神，比如阿尔忒弥斯、狄安娜、赫卡特——基督教取代古代宗教后，月亮的化身甚至变成童贞玛利亚。浪漫主义时期的作家因此常常在描绘美丽女子时用到月亮的意象或者将两者作比较。甚至因为月亮和疯狂的关联，人们一度认为月亮会让人失去理智、释放欲望、解除禁忌。

不论是何种因由，数世纪来月亮催发爱情的力量一直是画家和作家了然于心的主题：在莎士比亚的《威尼斯商人》中，洛伦佐热情洋溢地向杰西卡赞美月光和它的感官特质："月光多么恬静地睡在山坡上！我们就在这儿坐下来，让音乐的声音悄悄送进我们的耳边；柔和的静寂和月色，足以衬托出音乐的甜美。"而罗密欧则在"那轮圣洁的月亮"下向朱丽叶表白。朱丽叶明智地对此持怀疑态度，提醒恋人月亮不能始终如一及不可信赖的本质。

夜色遮掩下的幽会，仅需一小步，就可转换成非法、禁忌、危险和不可预知的概念，而这一切都是崇高理念的因素。在哥特小说中，月亮显出了它的另一副面孔，谋杀和超自然事件往往发生在月光之下或者夜晚的风暴和雷电的背景之下。据说玛丽·雪莱有天夜里醒来，凝视倾泻到房间里的月光，因而获得灵感创作了《弗兰肯斯坦—现代普罗米修斯的故事》（1818）。

当浪漫主义时期的艺术家和画家们欣然接受了月亮的爱情联想时，月亮更为可怕的一面显然让他们兴奋不已，并将他们引向危险和厄运的主题。比如玛丽·雪莱的丈夫——诗人珀西·比希·雪莱在《残月》（1824 年发表）中将月亮和死亡联系起来，甚至影射疯狂："宛若濒死的女人，清瘦苍白 / 步态蹒跚，淡淡轻纱遮掩 / 逸出闺阁，由退化中的大脑引领 / 疯狂虚弱漫游苍天 / 虚白无形聚集一团 / 残月在阴暗的东方升冉。"

在后浪漫主义时期，月亮继续在文化的多个方面充当既象征爱情也代表厄运的符号。维多利亚时代的画作中，月光往往照在凄凉的场景或者失意（或即将失意）的人儿身上。月亮以相似的方式增添忧伤和氛围的例子比比皆是，透纳的夜景图就是典型。19 世纪晚期，以约翰 · 阿特金森 · 格里姆肖为代表的艺术家运用月亮塑造了空虚诡异的城市夜景，詹姆斯 · 阿博特 · 麦克尼尔 · 威斯勒则成功地将高楼林立的工业化伦敦景象消解到他称之为“交响乐”的月光的濯洗中。这些艺术家并不怯于描绘城市背景中的月亮，20 世纪初期和中期的众多艺术家也是如此，比如保罗 · 纳什和约翰 · 派珀，他们有时被称作“现代浪漫主义者”。

在高雅艺术之外，月亮在流行文化中也获得了发展的势头，成为代表爱情、喜爱，或是调皮的简单易辨的符号。随着风景明信片的出现和摄影的流行，月亮开始出现在情人节、圣诞节卡片和普通风景明信片上的甜得发腻的彩色设计上（参见 111-112 页）。小孩子经常被放在纸板月亮上，让人联想到古时画师作品中坐在云里的小天使。坐在弯弯的月牙上、随时有掉下来危险的亲吻调情的人儿也成为极受欢迎的画面。月亮更为诱人的方面自然也应用到广告中，有时是为了再现一种异国情调的地理场景，通常宣传的是来自外国的进口产品：咖啡、香料、烟草等等。19 世纪晚期和 20 世纪初期这些明信片和海报中色情的元素从未远离，20 世纪 20 年代美国蓝月亮丝绸袜业公司的广告中，展示了一位女子穿着长筒袜姿态诱人地斜倚在一弯新月上的相当大胆的画面（参见 109 页）。

在浪漫主义时期，月亮同时照在恋人和杀手的身上，见证浪漫和罪行，照亮美丽和毁灭的场景。过去和现在，它都被用来表达悲伤和沉思，但也许是暴露在主流文化下削减了它的象征力量，或是我们想要它回归到我们温柔无害、感情充沛的同伴的位置，自 19 世纪始，它在流行艺术和广告界更多地充当着容易解读、轻松有效的符号。

触及

我们的悠久传统：想象中的月球之旅

REACHING

OUR LONG TRADITION
OF IMAGINARY JOURNEYS
TO THE MOON

能够抵达离我们最近的天体，探索它甚至征服它成为殖民地，是我们做的一个出奇长的梦。这个念头定期出现在虚构、非虚构和讽刺的作品中，这些作品体裁的界限通常非常含糊。将这些文本串联起来的，是我们想要突破地球的界限、征服天空最终征服其他星球的抱负和野心。最令科学家、哲学家和说书人好奇的问题之一是，月球上到底有没有任何种类的文明的存在，地球之外是否有生命形式可能会挑战我们在宇宙的地位并构成威胁？它们至少为虚构的故事提供了绝佳素材。

我们现在认为幻想的宇宙之旅是 19 世纪或 20 世纪科幻文学和电影的流行主题，技术是其中的焦点。然而，对月球地形和生物的推测却有着延续上千年的传统。公元前 5 世纪，俄耳甫斯教派的诗歌残篇提到幻想中的月球文明：“然后他设计出另一个浩瀚无垠的世界，众神称它塞勒涅，地球人叫它月亮，它是一个山脉绵延、城市众多、房屋林立的世界。”

公元 1 世纪，希腊学者普鲁塔克写下一段假想的对话，包括数学家、哲学家、旅行家在内的 8 位交谈者讨论月表的外观和结构以及月球生命形式的可能性。篇名《论月面》偶然将“月面”的说法引入书面文献。这是文学中首次拟人化的月面形象，不过，文本中也提到月球上的任何人形可能都是视觉上的错觉。普鲁塔克给我们提供了一些优美的比喻，比如月亮宛如“玻璃般透亮的天体”或者“一面映出汪洋的镜子”。

相比之下，古典时期关于月亮的另一个重要文本则完全是幻想的月亮之旅。这个由萨摩撒塔的卢西安写作于公元 2 世纪的作品可能是对“过时作家”的讽刺。它首次将想象中的月亮之旅详细描绘出来，收录在一系列名为《真实故事》（恰恰与真实相反）的书中。事实上，作者在序言中就称自己是说谎的骗子，又提醒读者“千万不要相信‘这些故事’”。和早期多数月球科幻一样，作者把月球描绘成各种古怪生物栖息的地方，有些生物一半是动物一半属植物，还花费大量笔墨说明他们奇异的繁殖方式。

17 世纪初，望远镜的发明潜移默化地改变了作家想象月表的方式，尽管这并没有使关于月球可能有栖息生物的理论和那些故事变得不那么异想天开。德国科学家约翰尼斯·开普勒就是这个方面的奇特例子。他毕生对天文、占星、数学抱有兴趣，出版了大量重要的科学著作。但他也写出了引人入胜的月球旅行故事《梦游》，将严谨的科学和高度的想象力融为一体。在开普勒的故事中，主人公多亏一个友善的精灵相助才能抵达月球。开普勒借助虚构小说，描绘出当时仅仅是理论推断的由山脉和陨坑构成的月球地理环境，从月表的视角提出宇宙图景支持哥白尼的理论，并指出太空旅行的种种危险，包括太阳辐射、极低的气温和氧气的缺乏。开普勒的这个故事写于 1608 年，但很多方面都具有惊人的前瞻性。

在航空和太空探索时代到来之前，月球小说的一个重要主题是太空旅行的方式。卢西亚的旅人借助持续的旋风偶然到达月球，开普勒依赖民间传说中的精灵。其他太空时代之前的文学作品中充斥着载着主人公飞进太空的成群的鸟儿、缚在旅人身上的自制风筝、装有双翼的复杂飞行器等，有些飞行器类似 18 世纪末发明的热气球。

18 世纪末，德国作家鲁道尔夫 · 埃里希 · 拉斯伯的小说《敏豪生男爵在俄罗斯的旅行、战斗奇遇记》（1785 年出版），以第一人称夸大的口吻描述了大头贵族敏豪生的成就和冒险，包括乘坐炮弹、水下游览，以及两次月球之旅。第一次，他顺着一根吊在月牙上的土耳其豆藤爬到月亮上（参见 49 页）。第二次，他乘坐的船被猛烈的风暴整个掀起直接送达目的地。月球人肖似人类，值得炫耀的是眼睛和头可以取下来，肚子可以像手提包一样折起来。这些月球人上了年纪不会死，而是会凭空消失。这本意在讽刺社会的欢乐的书，很快翻译成英文，在国际上取得成功。敏豪生眼中的月球和月球人极有可能是 1835 年“月球大骗局”（参见 156-157 页）的灵感来源。

“月球大骗局”过后 30 年，法国作家儒勒 · 凡尔纳写出了月球探索史上最受欢迎的两个故事：1865 年的《从地球到月球》和 1870 年的续集《环绕月球》。

凡尔纳用威猛的大炮把他的主人公们送上月球，预示了100年后载送人类登月的土星五号运载火箭。凡尔纳的月球小说从未绝版，甚至衍生出无数的电影改编本，激发乔治·梅里爱拍摄《月球旅行记》。梅里爱设计火箭降落在硕大的月球拟人脸孔的眼睛里，这一形象成为流行文化中月球最著名的画面之一（参见70-71页）。凡尔纳也在音乐上留下印迹：1875年雅克·奥芬巴赫受凡尔纳故事的启发创作歌剧《月球旅行记》。

梅里爱的影片仅仅标志着银幕科幻的开端。1929年，在梅里爱之后的一代人中，弗里兹·朗拍摄了一部将女性置于太空旅行中心位置的影片：《月宫女》。它实质上是以月球为场景的情节剧，飞船以恋人的名字弗里德命名。火箭的设计被认为太过逼真，几年后遭到禁演，因为纳粹觉得和他们正在秘密研发的V-2火箭太过相像。另一方面，朗的影片中月球地貌仍然轻松呈现超现实的凹凸不平的状态，直插天宇的山脉比比皆是，这些都是文学和电影中的常见场景，直到20世纪五六十年代，月球的特写照片才为之揭开真相。

现代科幻的另一个伟大的名字是英国作家赫伯特·乔治·威尔斯，他在19、20世纪之交创作和出版作品，使当时的人们又重新兴起了对太空探索的兴趣。地球发现的时代走向尾声，地图绘制已经基本完成，不走出地球进军太空，还能去往哪里呢？威尔斯也见证了以机动化交通、商业航空、电话为代表的新型交流手段的崛起。作家、科学家、发明家、政治家都把视线转向遥远的世界，开始想象能够将我们带到月球的强大机器。

威尔斯写了不少时空旅行的故事，其中包括聚焦火星的《星际战争》(1897)，该书在 1938 年被奥逊 · 威尔斯改编为著名的广播剧。威尔斯描写月球之旅的故事《最早登上月球的人》在 1900—1901 年以连载的形式发表。他的主人公们乘坐奇特的自制飞船抵达月球，威尔斯探讨了零引力、失重、空气稀薄的问题，一切听起来都既有趣又科学，令人信服。威尔斯放开想象，描绘那些在他的月球上繁衍的奇形怪状的动植物。他给充满敌意的月球土著取名塞勒涅人，在文学上向希腊月亮女神塞勒涅致敬。梅里爱在《月球旅行记》中也选择了相同的名字。

月亮旅行的方式虽然不断进化，越来越接近现实生活中最终载送人类去往月球的火箭技术，但借助翅膀、鸟儿、风、飞行器进行月亮旅行的魔力却始终是儿童文学的流行元素。在特奥多尔 · 施托姆 1849 年写给儿子的短篇故事《小霍尔曼》（参见 167 页）中，一个小男孩乘坐他的小木床到处游荡，从房间的窗户逃走，最终到达月球，还调皮地从月球的鼻子上碾过去。月球特别生气，把灯全关掉，把小男孩扔进了海里。1915 年格特 · 冯 · 巴塞维茨写的另一篇童话故事《小彼得月球旅行记》（参见 68 页）中，两个小孩子在夜里踏上去往银河最终抵达月球的征程。他们骑上大熊（大熊座）的背去月球，被“月球炮”射入月球山脉，并和一个侵犯他们的“月球人”打架。

直至今日，月球仍然是深受儿童文学、动画片、诗歌、音乐钟爱的制造神秘虚幻的元素，然而，自从我们 1969 年实现登月后，它就鲜少成为科幻作品的焦点了，这也许并不难理解。我们最终征服了它，却不可挽回地失去了它的某些神秘感，我们的想象力自然转向别处——火星和更遥远的世界。然而，月亮作为形而上学的象征符号却丝毫没有损失它的力量。

旅行
从太空竞赛到阿波罗登月时代以及后续

TRAVELING
FROM THE SPACE
RACE TO THE APOLLO
ERA AND BEYOND

"二战"临近结束时，苏联和美国都意识到了可怕的V-2火箭的潜力，该火箭自1944年起就对英国、法国北部和低地国家实施远距离轰炸。两大强国都着手搜寻第三帝国的导弹专业技术（和专家）为自身的军事项目所用。

战争一结束，东西方两大国家阵营就形成了对峙。冷战——持续40多年的资本主义和共产主义两大体系的对垒——正式开始，每个集团都把军事技术的发展列为头等大事。美国于1945年首次（迄今唯一一次）将核武器投入对日本广岛和长崎的战争，享有短暂的核垄断地位，直到1949年苏联原子弹试验打破了这个局面。两个超级大国最初都依赖传统的轰炸机，但都清楚火箭运载系统——导弹——的重要性，它能在不到一个小时的时间内将核武器送达打击目标。德国的火箭工程师们被带到美国和苏联运用他们的知识发展火箭，最终研发出 ICBM（洲际弹道导弹），定义了冷战时期的核恐惧。

军事竞赛之外，更为和平的项目也在同步推进。为纳粹研发出 V-2 火箭的德国科学家沃纳·冯·布劳恩因为在佩内明德火箭基地动用奴隶劳工而饱受诟病。但颇具嘲讽意味的是，他来到美国后很快成为美国公民和民主的拥趸。在美国，他从少年时期就怀抱的太空探索的一腔热忱尽数喷发，最终研发出将宇航员载送月球的土星号火箭。

1957 年 10 月 4 日，苏联人造地球卫星史普尼克一号发射成功，震惊了世界，刺激美国将“征服太空”的雄心置于政策制定的中心位置。这颗小球体（直径 23 英寸，约 58 厘米）进入轨道，传送的哔哔声被全世界的无线电通讯爱好者接收到。与此同时，美国的卫星计划看起来却岌岌可危，它的第一次尝试以发射失败而告终，被一家毒舌的媒体贬损为“弗洛普尼克”（意为失败）。

就在一个月后，史普尼克二号携载第一个生物——一只名叫莱卡的莫斯科街道的流浪狗——进入轨道。虽然当时苏联的宣传声称莱卡存活了一周且在轨道上无痛死亡，但在 2002 年，俄罗斯的一位历史学家披露这只航天狗在发射后几个小时内就死于过热和压力环境——当然，谁也没指望它能活下来。接下来的任务搭载着丝翠卡和贝卡两只狗重复了这个实验，并将它们安全送返地球，结局皆大欢喜。

当时不为西方知晓的乌克兰人谢尔盖·科罗廖夫领导了苏联的航天事业。科罗廖夫 1906 年出生，接受了航空工程师的培训，1938 年在斯大林的一次“大清洗”中被捕，在古拉格度过 6 年。被释后，他设计了苏联第一批远程导弹，成为苏联太空计划的总设计师，推动月球探索和宇航员的月球之旅。科罗廖夫 1966 年身患癌症术后去世，死后身份才得以公开。

当美国 1958 年 4 月将它的首颗卫星探索者 1 号送入轨道时，苏联的领先地位似乎已成定局（尽管它的失败任务只是没有报道出来）。探索者的成功让美国的航天事业恢复了一点信心，当时的苏联则正要把它的首批探测器送往月球。月神 1 号抵达距离月球 3725 英里（约 6000 千里）的位置，成为首个进入绕太阳轨道的探测器。月神 2 号取得了更大的成功，它在 9 月 13 日碰撞月球，成为首个到达另一个世界的人造物体。月神 3 号 1 个月后发射，发回了月球远端的首张照片。画面模糊的照片显示出一个与从地面望远镜观察到的这一面大相径庭的月表，撞击坑多出不少，平滑的月海少了许多。

美方则向月球发射了五艘先驱者号航天器。其中一艘发射失败，三艘没有抵达轨道，只有先驱者 4 号从距离月表 36650 英里（约 60000 千米）的地方掠过，算是取得了一点成绩。

与此同时，随着 1961 年 4 月尤里 · 加加林成为太空第一人，苏联的系列壮举达到一个新的高度。他从拜科努尔航天发射场发射升空，绕地球飞行一周后，在中亚地区降落。加加林成为民族英雄，被授列宁勋章，之后在 1968 年的一场空难中丧生。

美国总统约翰 · F. 肯尼迪在加加林太空飞行 3 个月前就职，他在 1962 年 7 月发表的国会演说和同年 9 月在赖斯大学的演讲被认为给美国的太空竞赛注入了强心针。肯尼迪发表演说时，美国刚刚成功完成 4 次载人水星计划航天飞行，其中只有后两次成功将宇航员送上轨道。他说："我们选择在这个十年登月，不是因为它们简单，而是因为它们艰难。"由此，他让美国上下产生了致力实现送人登月并将他们安全带回的雄心壮志。

当时除了苏联的瓦莲京娜·捷列什科娃，美国和苏联的所有宇航员都是清一色的男性。1960 年，一群美国女性得到私人资助，参加"第一夫人宇航员培训"，其中 13 人获得资格，进入在佛罗里达州海军航空学校举行的下一阶段。但是因为没有美国航空航天局的官方请求，这一阶段遭到取消。而且美国航空航天局只接受拥有工程学位的军事试飞员，这在当时是女性难以企及的标准。尽管国会举行了听证会，这些候选宇航员却并未复职。直到 1983 年，萨莉·赖德才成为美国首位女宇航员；直到 1999 年，艾琳·科林斯才成为太空任务的首位女指挥官。

美国宇航局遵循长久的传统，认为重复枯燥的计算工作是适合女性的差使，因此雇用女性承担幕后的计算工作。凯瑟琳·约翰逊持续完成关键工作，确保阿波罗计划的太空飞船能够实现成功对接。她为宇航局效力了数十年，2015 年被授予总统自由勋章。另一位获得勋章的女性玛格丽特·汉密尔顿（参见 100-101 页）领导了阿波罗导航软件的开发。

1962 年肯尼迪的演讲也承认了登月计划的高昂造价，那一年的航天预算高出前面 8 年的总和。20 世纪 60 年代预算到达顶峰时，美国宇航局耗费政府开支超过 4%，而如今只有 0.5% 左右。

登月的尝试既离不开政治的支持，也离不开工程学的进步。所有这一切准备就绪，还需要一张翔实的月表图，用来确定适合载人舱着陆的相对平坦的地点。美国和苏联的太空计划都为达成此目标继续向月球发送机器人探测器，这一工作和太空船的研发并驾齐驱。

从 1961 年到 1965 年，美国徘徊者号系列探测器又开始一连串的任务失败，但最后三艘航天器（徘徊者 7 号、徘徊者 8 号、徘徊者 9 号）撞击了月球的不同地点，途中传回一些月表的特写图片。这些图片的清晰度比地球望远镜观测到的画面高出 1000 倍，显示了一个在最小尺寸范围内都凹凸不平的地貌，这说明要想为阿波罗的登月者找到安全的着陆点是多么困难。

月神 9 号结束了同一时期苏联连续的失利，第一次实现了软着陆，发送回来自地球之外的另一个世界的首批图片。传输的内容被英国的乔德雷尔班克射电天文台接收到，他们从《每日快报》办公室借来一台机器，解码数据把图片再现，第二天在报纸上登出来。

美国宇航局运用类似的勘测者号探测器测试借助制动火箭减速实施软着陆的能力，7 次中有 5 次取得成功。和月神 9 号一样，它们也传回了月表的照片。5 艘探测器完善了登月着陆，在 1966 年和 1967 年间对 99% 的月球区域进行了地图绘制，并对潜在的着陆点给予了特别关注。

与此同时，双子星计划将太空飞行向前推进，先后进行了两次无人试飞和 10 次载人任务，每次任务都将两名宇航员送入地球轨道。该计划将人类能够待在轨道的时间延长至两周，并首次测试了航天器的对接，见证美国首次实现太空行走，并完善了导航系统——一切都是实施登月计划的先决条件。

阿波罗计划的舞台已经搭建完毕。到1967年，土星5号发射装置准备就绪。它是时任美国宇航局马歇尔航天中心主任的冯·布劳恩领导的直接成果。登月任务的有效荷载设计包括：一个载人进入太空并脱离出来重新进入地球大气层溅落海洋的指令舱、装有发动机和电源储备的服务舱，以及将两名宇航员送上月球并将他们带回指令舱返回地球的登月舱。

首次阿波罗1号飞行任务计划于1967年2月启动，宇航员维吉尔·格里森、爱德华·怀特、罗杰·查菲准备进入地球轨道。在发射台的一次测试中，三名宇航员都被关在指令舱内，当时使用的纯氧环境带来的高压促使一星火花迅速蔓延成大火。营救人员无法打开舱门，小组的三位成员悉数殉职。阿波罗载人航天计划因遭受可怕的打击而搁置了近两年，但土星号火箭的试飞却一直在进行。

1968年10月阿波罗7号将航天小组再次送入地球轨道——成功地——测试了指令舱和登月舱的对接，这是宇航员返航地球的关键操作。阿波罗8号将实现更大的突破。1968年12月21日，弗兰克·博尔曼、詹姆斯·洛威尔、威廉·安德斯乘坐土星5号火箭的顶部发射进入绕地轨道，随后启动月球转移轨道向月球进发。这次飞行第一次将他们带到月球并绕月飞行，翱游到脱离无线电联系的月球更远的一端。乘务组绕月飞行10圈后成功返回，并在圣诞节前夜广播了《圣经·创世记》第一章的节选，以这样的话作为结语："晚安，好运，圣诞快乐，上帝保佑你们——保佑地球上的每一个人。"

1969年4月发射的阿波罗9号在地球轨道执行了更长时间的对接和操作，

阿波罗 10 号进行了登月演练（参见 58-59 页），登月舱分离出来，接近到离月表 10 英里（约 16 千米）的范围之内。

1969 年 7 月 16 日，土星 5 号火箭从佛罗里达州的卡纳维尔角点火升空，开启阿波罗 11 号的征程，运载尼尔 · 阿姆斯特朗、迈克尔 · 科林斯、巴兹 · 奥尔德林进入地球轨道。第三级火箭的引擎 2 小时 44 分钟后点火，三位太空人飞向月球。

阿波罗 11 号 7 月 19 日抵达绕月轨道，第二天阿姆斯特朗和奥尔德林进入登月舱。这次戏剧性的登月旅程还包括最后一刻修正航道避开陨坑、警报意外响起（后来证实是计算机重启），以及仅剩 30 秒的燃料支持时间。超过 5 亿观众观看了登月直播，通过宇航员传回任务控制中心的断断续续的语音讯息，追踪宇航员降落月面的全过程。两个半小时的飞行后，随着阿姆斯特朗“休斯敦，这里是静海基地，鹰号着陆成功”的话音传来，7 年前约翰 · 肯尼迪设定的目标最终得以实现。

鹰号乘务人员原本应该睡觉，但他们还是准备数小时后出舱行走。7 月 21 日，他们打开舱门，12 分钟后，阿姆斯特朗开始爬下梯子。他走下来，将一只脚踏上月面，说：“这是我个人的一小步，却是全人类的一大步。”阿姆斯特朗和奥尔德林在月面度过约两个半小时的时间，采集岩石标本，安装月震仪和激光反射器，进行太阳风组成实验，当然还要插上一面美国国旗，放上一块刻有“我们为全人类的和平而来”题字的纪念牌。

经过 7 小时的睡眠修整，在月面度过 21 小时 36 分后，引擎点燃，将宇航员带回指令舱，和等待他们的科林斯会合。（阿姆斯特朗爬回登月舱时不小心折断了点火开关的把手，但他用一支圆珠笔就解决了问题。）航天小组 7 月 24 日安全返回地球，被隔离 21 天，没人能够完全确定月球上没有生命。出来后，3 位宇航员前往纽约市，受到该市史上最盛大的纸带游行的欢迎。本书的两位作者都不太记得阿波罗登月的事，但是阿姆斯特朗轻柔细语的那句话却仍能引起共鸣，特别是它象征着一个不同的时代的到来。

17 次阿波罗任务中，只有 6 次任务的 12 位宇航员登上月球，每次稍有不慎，航天小组都无生还的希望。有一次——阿波罗 13 号——几乎以灾难性的结局告终。1970 年 4 月 13 日飞行进入 56 小时，2 号氧气罐发生爆炸，同时使 1 号罐破裂，提供电力的燃料电池全部停工。宇航员此时距离地球大约 20 万英里（约 32 万千米），正在飞往月球的途中。乘务人员转移到没有受损的登月舱，发挥聪明才智，节约用水，凭着运气依靠六分仪进行导航，才逃出生天。

阿波罗计划的所有乘务人员也都幸运地避开太阳耀斑和太阳物质的喷射，这些都可能构成危险级别的辐射，尤其是对所有走出飞船的太空人而言。一项有争议的证据表明，太空人接触的辐射会导致心脏病的患病率上升，因此健康风险仍然是未来太空旅行者格外关心的问题。

阿波罗 15、16、17 号见证了月球漫游车的投入使用，它是一种能够大大拓展宇航员活动范围的电动车，最高速度和地球上的自行车相当。机组人员凭此探索了着陆点附近方圆数十千米的区域。

1972 年 12 月，阿波罗计划画上句点。阿波罗 17 号的成员还包括地质学家哈里森·施密特，他是在月球上行走的唯一一位科学家，他花了超出 22 小时的时长探索月面，辨识出一种后来被证实和古代一次火山喷发有关的橘色月壤。这次任务携带了重达 250 磅（约 115 千克）的样本返回地球，于 12 月 19 日溅落到海域。

肯尼迪的誓言实现了。美国宇航局迫于预算压力，两年前就取消了阿波罗 18、19、20 号的任务，扼制了探索哥白尼陨坑和第谷陨坑的野心。在接下来的近半个世纪，无人再返月球，即使三任美国总统（乔治·H.W. 布什、他的儿子乔治·W. 布什和最近上台的唐纳德·J. 特朗普）都有这样的雄心，世界各地的航天局也纷纷立下誓言。

苏联的探测器计划获得的公众关注度则低得多，它试图抢先美国一步，谁知 1969 年美国率先成功登月。由于苏联采用了一种新型但有问题的发射装置，多数任务都以失败告终，即使成功飞行也总是出现技术故障。苏联工程师还试用了一种类似联盟号的宇宙飞船（这个系统的升级版至今承担运载航天员到国际空间站的任务）。探测器计划的 4 次发射均携载舱体进行绕月飞行，其中 1968 年 9 月探测器 5 号的“乘务组”由两只乌龟、昆虫、植物、细菌和一个成人尺寸的人体模特组成，并在 6 天后将它们安然无虞地送返地球。但是在阿波罗计划取得成功后，苏联默默取消了探测者计划。

苏联人虽然放弃了输送宇航员登月的尝试，但他们却将科学工程一直进行到 20 世纪 70 年代。月神飞船登陆月球并将采集岩石样本带回地球，1976 年执行最后一次任务后离开月球。月球车 1 号和月球车 2 号是首次通过远程遥控在另一个星球表面驾驶的漫游车，分别运行了 11 个月和 4 个月。月球车 2 号行进了 23 英里（约 37 千米），是遥控漫游车的路程纪录保持者，直到 43 年后美国宇航局送上火星的机遇号才将纪录打破。

阿波罗计划后美国宇航局缩减开支，集中力量进行航天飞机工程。两个超级大国都在探索其他目标。美国宇航局飞往火星的旅行者航天器和海盗号登陆器、苏联一系列的金星探测任务都传回了其他行星的科学数据和壮观图片，且造价要比单次阿波罗航天任务低廉。1976 年后的 14 年间，除了唯一一次探测器利用月球引力获得加速进入太阳系的任务外，其余探测器都没有到过月球。

在世界其他地方，法国 1965 年从阿尔及利亚发射的阿斯特里克斯卫星终结了美苏两国在运载火箭上的垄断格局。随后中国在 1970 年发射了东方红 1 号卫星，播送歌颂领袖毛泽东的同名歌曲。同年稍晚日本发射了一颗卫星，英国 1971 年发射了迄今为止唯一一颗卫星，印度于 1980 年加入航天俱乐部。欧洲航天局于 1975 年成立，最初有 10 个成员国。

航天机构和民营企业为太空合同展开的竞争拉低了成本费用，将卫星送入地球轨道成为常事。航天任务的开支也比过去更低、更合理，这得益于科学和工程团队提供的小型运载工具以及计算能力的逐步变迁。虽然国际团队享受健康的竞争，但是当今多数太空计划的进行都要依赖国家之间的合作，这在阿波罗计划的年代和冷战时期都是天方夜谭的事情。俄罗斯、印度、中国、日本、加拿大、欧洲和美国开展太空任务时（尽管美国限制与中国的合作）至少共享了科学仪器和发射装置，且在 2007 年的《全球探索战略》和 2013 年新拟定的《全球探索路线图》中，至少就未来若干年的首要任务达成了共识。

日本 1990 年发射飞天号探测器，结束了长达 14 年的月球探索空窗期，该次任务旨在进行技术检测，取得了释放轨道飞行器的部分成功，主体探测器最终被操控坠毁在月面。

此后若干年，美国、欧洲、印度、日本、中国相继探月，并取得了瞩目的成就，诸如高清电视影像（来自日本辉夜姬号任务）、在南极月壤中发现的水冰（来自 2009 年美国航天局发射的月球陨坑观测和遥感卫星撞击卡比厄斯陨坑喷溅出的羽状碎片）、月岩中含有的水分（印度月船 1 号探测器）以及中国以月亮仙子嫦娥的宠物兔命名的玉兔号月球车。虽然 20 世纪 60 年太空竞赛的动机主要关乎国家威望，但是善于抓住机会的科学家们充分利用了太空计划。

带回的岩石和其他物质通过分析帮助人们还原拼凑出月球的历史，提供了校准在太阳系发现撞击坑年代的方法。从地球发射的激光射线经遗留在月表的镜面反射回来，其用时证实月球正在缓慢地远离地球。安置在月球的月震仪检测到持续数年的月震。轨道上的高清晰度相机拍摄到类似洞穴的地貌，某一天也许可以成为未来宇航员适宜的避身之地。

阿波罗计划和参与其中的宇航员继续激励着科学家和工程师们在科学领域之外的探索。无论大人还是小孩都深陷在这种艰巨挑战的魅力中，至少在某些情形下，它们推动了年轻人追逐自身的科学事业——思考如何自己探索宇宙，无论是在地球海洋的深处、外太空，还是在原子核内。

抵达
宇宙梦想实现之后

ARRIVING

AFTER THE
COSMIC DREAM
COMES TRUE

距离人类努力尝试并最终实现登月已经过去了半个世纪。阿波罗计划只输送了12人到月面行走，惊动了月面上沉睡数百万年不受打扰的尘埃。登月行动，尤其是第一次，成为全球人类的集体记忆，这些旅程中拍摄的照片成为20世纪最具象征的画面之一。终于，我们获得了天上那轮神秘圆盘的高清图像，撇开它对地球客观存在的实际作用不说，它对我们的想象、信仰和情感一直拥有强大的支配力量。近距离观看月球和亲身体验月球是如何改变我们看待它、思考它和描绘它的方式的呢？

在"一战"刚过去的几年里，进行真正的太空旅行的想法逐渐大行其道。鉴于运输技术和航空技术取得的进步，未来人类也许能够进入太空深处、抵达宇宙其他地方的前景似乎开始变得不那么遥不可及。德国纳粹在“二战”期间研发火箭作为防御武器，在德国工程师沃纳·冯·布劳恩加盟助力美国太空事业后，却转而推动了美国太空征服计划的发展，颇具讽刺意味。电影导演斯坦利·库布里克1964年的黑色幽默喜剧片《奇爱博士》，被认为是对太空竞赛这一不光彩一面不假掩饰的影射。

到20世纪中叶，科幻作品摒弃借助假想飞行器或超自然干预进行月球旅行的幻想，转而更为科学地叙述切实可行的图景。赫伯特·乔治·威尔斯在世纪之初就引领了对火箭科学的关注。下一代科幻作家将会见证自己写的故事的诸多方面（以及整个体裁）变成现实——或者变得完全无足轻重。1968年，亚瑟·C.克拉克与库布里克共同合写高度复杂、令人极其不安的《2001：太空漫游》电影剧本。亚瑟·C.克拉克对太空探索的真实可能性和取得的进展很感兴趣，十几岁时就加入了新成立的英国星际学会。该学会提倡太空旅行和探索，为这位青年作家提供了最新的故事素材。他的作品被归为“硬式”科幻，意指这类科幻主要涉及太空旅行面临的物理、化学和技术方面的挑战，尤其注重精确性。

当然，登月的故事早在1969年尼尔·阿姆斯特朗和巴兹·奥尔德林首次扬起月球尘埃之前就开始了，牵涉的内容也远远不止艺术和科学。回顾登月竞赛，在更大的人类哲学语境下讨论它的意义是有效的，但它在很多方面是一个充斥着政治野心、作秀、虚荣、宣传的故事，且发生在冷战和有可能爆发另一场毁灭性战争的持续威胁背景之下。20世纪五六十年代的西欧和美国盛行的是叛逆喧嚣、激动人心的年轻一代的文化，前几代人制造的战场却随时可能将它中断。同时，那也是一个出人意料的、前所未有的经济发展时代，至少对某些国家来说，一个毫无顾忌的畅意消费时期随之出现。因此，太空竞赛在某种程度上是一种逃避主义，宇宙幻想成为最流行的风尚，电视剧《星际迷航》与以事实为依据的纪录片都受到极大的追捧。然而那还是电视刚刚起步的年代，极少人拥有彩电。铁幕之后的东欧和苏联，太空竞赛没有消费主义的维度，更多的是政治化的导向，即以一种更为大胆的视觉风格被加以利用。苏联的宣传图画极尽渲染之能事，色彩喧闹、内容理想化，完全是政府导演的结果。

在全球对登月竞赛的壮观景象陷入狂热之外，批评的声音同时响起。为什么要把这么多的钱花在可能没有什么可预见的长期影响的事情上呢？这样的问题过去被提出，现在仍然在发问。此外，还有更多的哲学和伦理问题。我们真的应该踏上月球玷污这块从未被触及的处女地吗？我们为什么要做这件事情？这些问题没有唯一的答案，但是美苏之间政治力量的斗争和人类固有的野心都是重要的因素。我们把人送上月球可能只是因为我们可以。

苏联太空时代的艺术和宣传资料与美国的输出大相径庭。美国人倾向实事求是的态度，通常描述涉及的流程和技术的细节以说明取得的进步。苏联人的美学则更加富含象征意义。它规避技术细节，青睐后革命时代的方正图形，图形充满饱和的色彩和反映太空时代机械设计与天体轮廓的几何形体。画报中宇航员的年轻面庞流露出自信与力量，眼神坚定地凝视着远处的目标。苏联生产的大量纪念品和玩具无不比实际的火箭、太空舱和月球都要色彩鲜亮得多。

经历“二战”的摧残后，艺术家们普遍意识到对重要事情重新进行全盘思考的必要性。艺术怎样才能反映世界的状态呢？艺术召唤了一种崭新的视觉语言，那些创造这种语言的众多艺术家认为它应该具有抽象性：过去的图像不再适用。太空竞赛的时代同时也是波普艺术和抽象极简主义盛行的时代。更有意思的是，当奥尔德林和阿姆斯特朗离开登月舱时，人类看到的本质上是一种令人敬畏的景象，他们想把它作为画面捕捉下来，就像浪漫主义画家见到阿尔卑斯山上的风暴或者笼罩在海面的积雨云时产生的创作冲动一样。阿波罗14号的宇航员埃德加·米切尔向安德鲁·史密斯（曾收集过月球行走者的个人故事）描述他站在月球上的感官印象：“无声的静寂好像在诉说着，那一片土地已经静静地等待我们的到来数百万年之久了。”这让人联想到卡斯帕·大卫·弗里德里希笔下那些凝望一片广袤风景的孑然一身的人儿（参见33页的一幅画作）。那一刻，米切尔代表的是审视自身终极成就的全人类：超越我们已知的世界，到达一个全新的世界，一个对我们来说仍然陌生的、全然冷漠的世界。

月球就在眼前，千篇一律的灰色，平滑得超出想象的地形。所有那些科幻故事和电影描绘的崎岖尖锐的山脉俱无踪影。没有奇怪的植物，没有怪异的生物，也没有守卫家园的好斗土著塞勒涅人——恰恰相反：月表一片荒芜。巴兹·奥尔德林用“壮丽的荒凉”来描绘它。它在科学上具有巨大的吸引力，但是却在一瞬间改变了我们的视觉体验。数千年来诗歌、绘画、小说、电视节目、电影想象的月球旅行最终由灰色的岩石和尘埃构成现实。

对这种失望做出回应的有一部分是抽象艺术家，他们对太空旅行提供的形状和几何图形大感欣喜。宇宙飞船的干净线条、月球和行星的圆形轮廓在黑色的宇宙天幕上相映成趣。20 世纪初现代派和表现派预期的多数内容现在被加以重温和提炼。以保罗 · 克利、罗伊 · 利希滕斯坦、芭芭拉 · 赫普沃斯为代表的艺术家们创造出众多几乎完全是几何图形的优雅作品，它们也许可以被解读为对太空竞赛的视觉评论。流行和摇滚音乐、时尚、设计也以一种更为轻松玩笑的方式做出回应，大卫 · 鲍威在 20 世纪 70 年代早中期完美塑造了一个失去联络、接近滑稽的后现代宇航员的角色，以自身的虚拟形象填补首次登月轰动过后带来的情感空洞。鲍威不仅创造了流行文化的讽刺作品，还正式敲响了全新的后阿波罗时代到来的钟声。

我们失去月亮作为仁慈、宁静、浪漫主义的象征了吗？我们失去高悬空中的银镜、夜游的精灵、圆圆的人脸、灵性的计时器、眨动的眼睛、凝望的对象以及爱情、忧伤和孤独的象征了吗？在一段时间里我们的确失去了。对月亮和后续太空计划的兴趣在 20 世纪 70 年代初期渐减热度，艺术中月亮或抽象或现实的形象在 20 世纪晚期相对较少出现，只有少数例外。其中一个例外是艾伦 · 比恩，他参与阿波罗 12 号任务体验了月球行走。就在任务过去 10 年后，比恩成为一位全职画家：他几乎只画月球和他参与的阿波罗 12 号任务，以高度写实的手法描绘细节，用色好似给画面加上了好几面滤光器。显然对比恩来说，离开地球到月球上行走的体验太过强烈，他可能余生都将继续分析这次事件并将它从视觉上呈现出来。

与之形成对照的，是伦敦海沃德画廊在人类登月 30 周年之际举办的阿波罗计划拍摄的照片展。比恩努力想要寻找对的颜色描绘月球，而这些照片看上去只有黑白两色，直到眼球适应后才捕捉到某种微妙的色彩元素。为了准确描绘黑暗的太空，必须要创造一种特别的冲印墨水。从这个意义上来说，这些照片不仅是纪实素材，同时也是艺术作品。它们作为一个整体，通过那些特别的事件进行了一次视觉之旅，展览因此受到热烈的欢迎。

月亮仍然是艺术和文化的主要灵感源泉，当代众多艺术家都将它作为作品的重要主题之一。比如，亚历山德拉·米尔置身虚假的登月场景给自己拍照，质疑月球探索史上男性的主导地位，她的拼贴画（参见 13 页）将太空探索的熟悉画面与女性面孔和宗教意象结合在一起。凯蒂·帕特森探索了我们对月亮的迷恋，将其作为惊叹对象、灵感源泉以及距离符号象征，创造出身临其境的多媒体景观，譬如一个能反射出人类历史上所有记载下来的日食画面的镜面球（参见 98-99 页），又或是将贝多芬《月光奏鸣曲》的录音以摩斯密码发送到月球，音乐返回地球时变成了支离破碎的版本。费格斯·黑尔在他的作品中参考了前几个世纪的风景画画家。基于对自然现象的仔细研究和观察，他创作了众多沉静庄重的风景画，还创作了一系列透过望远镜观看到的月球图。看到当今艺术家们如何以他们各自独特的方式在艺术中融合人类渴望奔月和最终登月的集体体验，真是令人陶醉的享受。

阿波罗计划过去半个世纪后，登月竞赛的那些狂热的日子离我们远去，我们开始在心中和集体记忆中将想象的月球和我们短暂接触的月球结合起来。我们现在或许可以确认登月对人类心灵产生的长期影响，并且正在意识到，不管近距离看到月球是一件多么激动人心和多么令人失望的事情，最重要的也许还是从远处看到我们自己。只有 12 个人登上了月球，但是地球从月球之外升起的画面却属于我们每一个人。

归来

回归月球

RETURING

BACK TO

THE MOON

1969 年过去不久，也就是在笔者还是孩子的 20 世纪 70 年代，返回月球、再到火星以及外太空的太空旅行似乎是毋庸置疑的事情。沃纳 · 冯 · 布劳恩力推美国宇航局在 1983 年运用核推进系统实施火星任务，但是由于登月的政治抱负已经达成，预算也在缩减，这一设想实现的希望十分渺茫。美国空间科学委员会在 1969 年提议运用现有技术继续月球探索，再实施 15 次载人飞行任务——但强烈反对以牺牲其他计划为代价投入巨额资金研发新系统。

人类首次登月后的近 50 年中，月球探索与科学的计划不时会被提出，既为接下来的火星之旅做准备，也是出于探索月球自身的需求。有太空（或者科幻）兴趣的艺术家们往往乐于创作月球基地的画作，描绘月球车在月表周游和将开采的材料发射回地球的图景。在我们如今生活的时代，大公司的总裁受这些想象的启发，再加上资金的加持，开始研发他们自己的宇宙飞船，打破了过去政府垄断的格局。

人类返回月球无疑有出于科学的考量，支持者们认为，人类的随机应变和聪明才智依然远远超过机器人所能达到的能力。行星科学家和天文学家也确认了重返月球的种种好处。阿波罗计划和苏联载回样品的飞船仅仅造访了星球上零星的几个地点，面积大约是欧洲和非洲的总和。其结果导致来自最年轻和最古老地带的样品之间出现断层，使我们对地球和其他行星历史的了解仍然存在疑问。人类返月任务可以通过抵达月球的背面、南极和类似哥白尼陨坑的年轻撞击坑来补全样品的种类。行星科学家在阿波罗计划遗产的基础上，将乐于见到全新的仪器装备部署到月表测量月震和磁场强度，并利用提供的数据更好地了解月球内部构造。

更有意思的是，研究（仍是假想的）外星球生命的星际生物学家也认为在月球可以找到证据。月壤可能含有早就在地球毁灭的早期太阳系的有机物。未来探月者回到月球上可以查看之前从地球抵达的未经消毒的登月舱，记录搭载偷渡的任何细菌或真菌的命运。

此外，月球背面将是安置射电望远镜的绝佳地点，天文学家借助这种设备探测天体的射电波对天体进行研究。在那里选址可以使整个月球置于望远镜和地球之间，完全屏蔽地球传送的信号的干扰，这些信号会排挤掉天文射电源，包括爆炸恒星的残骸和星系中心的喷射流。月球上的射电望远镜甚至可以搜索到来自外星球文明的微弱信号。

截至1973年，阿波罗计划花费了200亿美元——相当于现在至少1100亿美元。某些大规模的空间计划，比如国际空间站，也需要数额相近的投资。因此我们可以理解，世界各国政府没有能力太过频繁地在一次任务中就投入如此巨额的资金。开支减少可以通过航天国家之间分担费用和协调计划实现，而私营企业家也盯着登月直接带来的经济利益，或者至少可以成为政府投资项目选中的飞行器提供商以此获利。

私营企业瞄准的目标各不相同。有些视月球为“地球稀缺元素”——广泛应用于工程、光学、能源的矿物——的潜在矿场。即使撇开建立设备和现场加工（将矿石运回地球将是浪费的起点）的高昂造价不谈，矿物主要聚集的月岩中矿物含量似乎很低，所以目前商业价值不高。同样的道理适用于氦3，它被提出是未来核聚变反应堆的清洁燃料，但是显然也没有达到进行利润丰厚的商业开采的储量标准。

与此同时，众筹的机器人月球任务1号的目标是要在月表钻一个深孔，将人类DNA存放在那里的“约柜”中保存人类的记录。奖金高达3千万美元的“谷歌月球X大奖赛”则是截然不同的新尝试。奖金将颁发给能够把航天器送往月球实现软着陆且能使月球车或者其他探月车在月表驱动1600英尺（约500米）的私人团队。来自美国、印度、日本、以色列和“协同月球”国际团队的5支队伍认真地参与角逐，可惜在2018年初都超过了最后期限。虽然与大奖失之交臂，但是参与的工程师和科学家们设计出了体积轻盈、造价低廉的飞行器，为未来的航天任务继续向前迈出了有价值的一步。

由科技亿万富翁领头的大型公司拥有更大的野心。这些互相竞争的机构受益于利润丰厚的政府合同和早先的商业成功，正在推进新型运载工具的设计，公司的总裁们在新型的太空竞赛中把目光投向月球和更远的外太空。

由大名鼎鼎的企业家埃隆·马斯克掌舵的美国太空探索技术公司获得美国航天局的合同，承担了为国际空间站运送补给的常规工作，并预期在不久的将来会将宇航员送到轨道前哨。公司致力于重复使用发射器的二级或三级火箭，以提供更低成本的太空旅行。太空探索技术公司取得了可喜的进展：它在 2015 年使一级火箭成功回落到发射台，高有效载荷猎鹰重型运载火箭 2018 年首次发射，负载马斯克的特斯拉跑车（和一个穿着太空服的傀儡司机）进入星际太空，其成功有目共睹。马斯克如今计划在不久的将来使用猎鹰重型火箭把宇航员送入绕月轨道。

对太空一直有兴趣的亚马逊总裁杰夫·贝佐斯成立了成为强力竞争对手的"蓝色起源"航天公司，它同样瞄准国际空间站，也得到了美国航天局的合同，并同样致力于可重复使用的发射器的研发。贝佐斯有更为直接的征服月球的兴趣：他提出以"亚马逊式的投递方式"运送物资建立月球基地，这是殖民太空的远大——或大言不惭——设想的一部分。

资深的航天企业没有把太空全部拱手相让给新兴的公司。在阿波罗年代为美国航天局供货的波音公司根据新签的合同为航天局研发补给飞船。洛克希德·马丁公司和波音公司在 2006 年形成联合发射联盟，计划在 2019 年将机器人着陆器送往月球。这个是否切实可行还有待观望，两家公司甚至又提出了

"地月经济"，涉及以太空为基地的生产、太阳能、月球开采（尽管前文提到的种种障碍的存在）以及将组装的产品运回地球。

商业和私营领域的太空探索进行得如火如荼，可以说明政府的投入正在萎缩。虽然相比20世纪60年代的高涨热情现在略显冷清，但是航天大国们对月球都有各自的野心。美国设计出猎户座飞船，计划在21世纪20年代将宇航员载往月球和火星，且已于2015年实现首次无人成功试飞，飞行长达四个半小时，最后安全溅落。欧洲、日本、俄罗斯和中国都致力于载人重返月球，目标在21世纪30年代见证宇航员登月。这些国家的航天局都在过去的20年内发送了机器人探测器，中国也输送了近40年来首辆软着陆的着陆器（玉兔号月球车）。

据说早在17世纪，主教约翰·威尔金斯就提出一个长远目标，即建立一个永久的月球定居点。在月球生活，哪怕时间不长，都是令人神往的想法，也是科幻小说的主题内容。2016年，欧洲航天局的新任局长约翰-迪特里希·詹·沃尔纳公开宣布建立一个"月球村"的提案，"月球村"将部分借助3D打印技术建造，并向世界各地的合伙人开放（参见194页）。根据沃尔纳的说法，基地将"集合各个航天国家的能力于一体"，居民们将从事科学研究，也许最终会从事采矿和旅游业。

任何月球基地都需要来自地球的定期供给，但是目前也出现了"让月球自给自足"的计划。极地月壤中重约6万亿吨的水冰可以成为至关重要的饮用水源，可以分解成氢和氧制造火箭燃料，也可以用于农业灌溉。美国航天局开展了长达几十年的水栽培（水中栽培植物）可行性的测试，2013年荷兰研究人员试验用月壤栽种植物，取得了一定成功。

无论返月计划最终是否真的建成永久的月球基地，或者又是一堆如流星般陨落的不切实际的尝试，都值得对它抱几分怀疑的态度。凭借阿波罗计划留下的基础，把宇航员送到25万英里（约40万千米）之外的目标似乎能够轻松实现，同时又遥不可及。然而，也许在月表出现第一个人类足迹至今，世界各国都做好准备再次把目标瞄向高空，开启人类更广阔的宇宙之旅。

图片鸣谢

PICTURE ACKNOWLEDGMENTS

akg-images 8, 32, 37, 49, 74; 116, 167, 174, 185, arkivi 110; Erich Lessing 176; Fototeca Gilardi 121, 130; Universal Images Group/Universal History Archive 88, 89.

Alamy Stock Photo AF Archive 127; Art Collection3 65; Chronicle 172; DE ROCKER 26; Dennis Hallinan 80; dpa picture alliance archive 66; Encyclopaedia Britannica, Inc./ NASA/Universal Images Group North America LLC 151; Everett Collection, Inc. 17, 126; Fine Art Images/Heritage Image Partnership Ltd. 90左, 106, 108; Florilegius 104; Granger 128; Granger Historical Picture Archive 52, 58, 70, 91右下; H. Armstrong Roberts/ClassicStock 81, 197; Heritage Image Partnership Ltd. 30; INTERFOTO 118; ITAR-TASS News Agency 96; John Frost Newspapers 92; Keystone Pictures USA 102; Lebrecht Music and Arts Photo Library 86; Martin Bond 158; Mattia Dantonio 91上中右; Myron Standret 91中左; NASA Image Collection 100; Paul Fearn 18; Photo Researchers/Science History Images 54, 57, 94, 147; Prisma Archivo 21; Ruslan Kudrin 91左上; Ryhor Bruyeu 90右下; Sergey Komarov-Kohl 91上中左; 91中右; Stephan Stockinger 160; The Print Collector 90右上; World History Archive 33, 105, 173; Zoonar GmbH/Alexei Toiskin 91左下; Zoonar GmbH/V.Sagaydashin 91右上.

©Aleksandra Mir 12.

Courtesy Alexandra Loske 68, 78, 79.

Beinecke Library, Yale University 162, 170.

Bridgeman Images 122, 125; British Library, London, UK/© British Library Board. All Rights Reserved 25; Private Collection/© DACS 2018 113; Biblioteca Estense, Modena, Emilia-Romagna, Italy 186; Biblioteca Nazionale Centrale, Florence, Italy/De Agostini Picture Library 142; Bibliotheque de l'Institut de France, Paris, France/Archives Charmet 124; Bibliotheque Municipale, Boulogne-sur-Mer, France 28; Bildarchiv Steffens/Ralph Rainer Steffens 20; Birmingham Museums and Art Gallery 144; British Library, London, UK/© British Library Board. All Rights Reserved 38, 64, 114; Collegio del Cambio, Perugia, Italy 11; De Agostini Picture Library/A. De Gregorio 27; Detroit Institute of Arts, USA/Bequest of John S. Newberry 143; Drammens Museum, Norway/Photo © O. Vaering 133; Everett Collection 85; Fitzwilliam Museum, University of Cambridge, UK 48; Gamborg Collection 97; Granger 53, 150, 155; Leeds Museums and Galleries (Leeds Art Gallery) U.K. 134, 177; NASA/Science Astronomy/Universal History Archive/UIG 193; Photo © CCI 182; Pictures from History 22, 164; Private Collection 19, 117; Private Collection/© Look and Learn 63; Private Collection/© Look and Learn 112, 188, 299; Private Collection/© Look and Learn/Rosenberg Collection 187; Private Collection/Photo © Agnew's, London 178; Private Collection/Photo © Christie's Images/© 2018 The Andy Warhol Foundation for the Visual Arts, Inc./Licensed by DACS, London. 2018 120; Private Collection/Photo © Christie's Images/© ADAGP, Paris and DACS, London 2018 161; Private Collection/Photo © GraphicaArtis 119; Pushkin Museum, Moscow, Russia/© ADAGP, Paris and DACS, London 2018 24; The Higgins Art Gallery & Museum, Bedford, UK 132; UCL Art Museum, University College London, UK 39.

British Library via Flickr 75, 166.

ESA/Foster + Partners 194.

Getty Images Manuel Litran/Paris Match via Getty Images 107; Bettmann 156; Buyenlarge 93; DEA PICTURE LIBRARY/De Agostini 131; DeAgostini 15; Field Museum

Library 7; Florilegius/SSPL 165; James Hall Nasmyth/ George Eastman House 152; Space Frontiers/Hulton Archive 61; Time Life Pictures/NASA/The LIFE Picture Collection 56.

©Katie Paterson 98.

©Leonid Tishkov 6.

© Luke Jerram 184.

Metropolitan Museum of Art Gift of Francis M. Weld 1948, 115; Gift of George A. Hearn, in memory of Arthur Hoppock Hearn 1911, 135; Gift of Paul J. Sachs 1917, 44; Rogers Fund 1928, 10.

Courtesy Miroslav Druckmüller 42b, 43.

NASA 5, 50, 72, 82, 84,148, 154, 180, 200, 201; Goddard/ Arizona State University 139; JPL 60, 138, 190; JPL/USGS 4; NASA Goddard/Arizona State University 62; NOAA 192.

National Gallery of Art Washington Corcoran Collection (Gift of the American Academy of Arts and Letters) 34; Rosenwald Collection 14.

New York Public Library 145, 163, 42.

Public Domain 13.

REX Shutterstock Granger 109; Mattel/Solent News 16.

© Sally Russell 46.

Science Photo Library Douglas Peebles 76; Max Alexander/Lord Egremont 168; Richard Bizley 188;

Royal Astronomical Society 140, 149; SPUTNIK 45.

Unsplash Andrea Reiman 136; Matt Nelson 40; Michael Dam 179.

Wellcome Collection 146, 34.

www.lacma.org Gift of Paul F. Walter (M.83.219.2) 29.

Yale Center for British Art Paul Mellon Collection 69.

作者致谢

AUTHORS' ACKNOWLEDGMENTS

罗伯特·梅西:

跟你共同写作“月球”是一个愉快的过程，我的家人和朋友付出了耐心，倘若没有这些人的支持，这个事情就不可能做成。

我要致谢的名单总会有遗漏，但我要特别感谢亚历山德拉·洛斯克，是他说服我做这件事情；感谢西恩·普罗塞鼎力相助搜集皇家天文学会图书馆的材料；感谢简·格里夫斯、凯蒂·乔伊、伊恩·克劳福德和露辛达·奥芬贡献的事实核查和校阅工作；感谢萨莉·拉塞尔分享她的工作成果；感谢费尔·戴蒙德、约翰·扎内基和奈吉尔·博曼允许我在白天工作之余进行写作。我们的编辑瑞秋·西尔维莱特和扎拉·安瓦里提供给我们写作需要的反馈意见，我们也铭感五内。

我的妻子珍妮和女儿艾达也全力支持我的写作：首先，允许我在我们的家庭假日进行写作；其次，提醒我每个人不管男女老幼第一次透过望远镜观看月亮时是怎样的反应。没有她们的爱和支持，这本书不可能问世，所以我要把它献给她们。

亚历山德拉·洛斯克:

在此我想感谢以下人士对我的支持并让我获得写作月球的灵感，他们是克莱尔·贝斯特、伊娃·博迪内、克莱夫·伯斯内尔、弗兰基·布尔默、帕特里克·康纳、史蒂夫·克雷菲尔德、詹妮·加施克、费格斯·黑尔、科林·琼斯、雷娜特·克劳克-尼尔斯、珊·兰卡斯特、弗洛拉·洛斯克-佩奇、罗伯特·梅西、克劳斯·尼尔斯、杰里米·佩奇、吉姆·派克、史蒂夫·帕维、黑兹尔·雷纳、杰奎琳·里茨、琳达·罗斯巴赫、林迪·厄舍、伊恩·沃雷尔、玛丽安·韦恩、钱德拉·伍赫莱伯、CDF。

本书写给我的教女克莱尔·里茨。

图书在版编目（CIP）数据

月亮 ：艺术，科学与文化 /（英）罗伯特 · 梅西，（英）亚历山德拉 · 洛斯克著 ；吴冬月译. -- 北京 ：中国友谊出版公司，2021.2

书名原文：MOON:Art,Science,Culture

ISBN 978-7-5057-5123-1

Ⅰ. ①月… Ⅱ. ①罗… ②亚… ③吴… Ⅲ. ①月球－普及读物 Ⅳ. ①P184-49

中国版本图书馆CIP数据核字(2021)第016115号

著作权合同登记号 图字：01-2021-1907

First published in the UK in 2018 by ILEX,
an imprint of Octopus Publishing Group Ltd
Octopus Publishing Group
Carmelite House, 50 Victoria Embankment
London EC4Y 0DZ

书名 月亮：艺术，科学与文化
作者 [英]罗伯特 · 梅西　亚历山德拉 · 洛斯克
译者 吴冬月
出版 中国友谊出版公司
发行 中国友谊出版公司
经销 新华书店
印刷 北京中科印刷有限公司
规格 710×1000毫米 16开
17.5印张 130千字
版次 2021年6月第1版
印次 2021年6月第1次印刷
书号 ISBN 978-7-5057-5123-1
定价 118.00元
地址 北京市朝阳区西坝河南里17号楼
邮编 100028
电话 （010）64678009

创美工厂 | 壹品 新奇有趣

出 品 人：许　永
出版统筹：海　云
责任编辑：许宗华
特邀编辑：何青泓
责任校对：雷存卿
封面设计：沫　一
版式设计：万　雪
印制总监：蒋　波
发行总监：田峰峥

投稿信箱：cmsdbj@163.com
发　　行：北京创美汇品图书有限公司
发行热线：010-59799930

创美工厂
微信公众平台

创美工厂
官方微博